云南烟叶数字化转型实践路径研究项目组　著

烟叶数字化转型研究

YANYE SHUZIHUA ZHUANXING YANJIU

中国农业科学技术出版社

图书在版编目（CIP）数据

烟叶数字化转型研究 / 云南烟叶数字化转型实践路径研究项目组著. -- 北京：中国农业科学技术出版社，2025.7. -- ISBN 978-7-5116-7536-1

Ⅰ.TS45

中国国家版本馆CIP数据核字第2025SF6611号

责任编辑　白姗姗
责任校对　李向荣
责任印制　姜义伟　王思文

出 版 者	中国农业科学技术出版社
	北京市中关村南大街12号　邮编：100081
电　　话	（010）82106638（编辑室）　（010）82106624（发行部）
	（010）82109709（读者服务部）
网　　址	https://castp.caas.cn
经 销 者	各地新华书店
印 刷 者	北京建宏印刷有限公司
开　　本	170 mm×240 mm　1/16
印　　张	12.25
字　　数	200千字
版　　次	2025年7月第1版　2025年7月第1次印刷
定　　价	98.00元

版权所有·侵权必究

前 言 Preface

当前,数字经济已成为重组全球要素资源、重塑全球经济结构、改变全球竞争格局的关键力量,并已成为我国的国家战略。数据正成为最具时代特征的生产新要素,通过其凸显的乘数效应驱动着生产力大幅提升、生产关系变革、资源要素配置优化、经营模式迭代升级,为经济社会发展增添新动能。

目前我国农业正处于从传统农业向现代农业发展转型的关键阶段,乡村振兴战略的深入实施,促进农业农村加快转变发展方式、优化发展结构、转换增长动力,为农业农村生产、经营、管理、服务数字化提供了广阔的空间。烟草行业高度重视烟叶数字化转型,烟草农业作为行业的"第一车间",数字化转型同样备受关注,全国烟草生产经营管理一体化平台试点建设正在加快推进,贵州、湖南、安徽、重庆等多个烟区先后制定烟草农业数字化发展规划,积极谋划部署本地区烟叶数字化推进工作,数字化支撑烟叶生产高质量、可持续发展已经成为全行业共识。在此背景下,烟叶数字化转型正成为行业探索和实践的新挑战。目前,烟叶数字化转型的探讨尚处于起步阶段,表现为一些典型的数字化应用场景得以实现,一些可能性的数字化应用方向被提出,一些初步的数字化相关系统开始面世并应用。以上尝试性探索和实践虽然取得了一些成效,但目前尚无专门针对烟叶数字化转型进行的系统性论述。如何搭建烟叶数字化转型整体框架以及如何根据整体框架制定烟叶数字化转型总体规划并付诸实践,是当前行业关注的焦点,更是数字化转型工作迫切需要解决的问题。鉴于此，中国烟草总公司云南省公司［以下简称"省局（公司）"］联合赵春江院士团队开展了烟叶数字化转型研究，在烟叶数字化转型理论和实践两个层面展开系统性研究，以期推动云南烟叶数字化转型工作的积极开展。

截至目前，本研究已完成烟叶数字化转型基础理论研究（第一篇），涵盖烟叶数字化转型的概念、烟叶数字化转型的内涵与特征、烟叶数字化转型的背景及驱动因素、烟叶数字化转型的现状与趋势、烟叶数字化转型的困难与挑战及烟叶数字化转型技术支撑等内容；烟叶数字化转型建设思路（第二篇），涵盖烟叶数字化转型的必要性和可行性、烟叶数字化转型的总体思路、烟叶数字化转型的总体目标、烟叶数字化转型组织规划及烟叶业务模式分析等内容；烟叶数字化转型建设规划（第三篇），涵盖烟叶数字化转型整体框架、烟叶数字化转型架构设计、烟叶数字化转型重点任务、烟叶数字化转型重点工程、烟叶数字化转型应用场景等内容；烟叶数字化转型实践探索（第四篇），涵盖云南烟叶数字化转型实施计划，包括项目群设计及实施主体设计、项目优先级设计原则、建设计划安排、建设风险管理及运营管理设计，其次涵盖烟叶数字化转型建设成效，包括云南烟叶数字化转型规划设计成效、实施推广成效，以及烟叶数字化转型展望等内容。研究发现，烟叶数字化转型工作的实施可以从组织架构设计、建设架构设计、业务流程再造、重点项目实施4个方面进行，从烟叶产业整体视角、业务视角、技术视角和管理视角出发，重在将数字技术与烟叶产业链融合创新，按照"在线—链接—共享—智能"的转型思路，实现业务、组织的在线化，人与人、人与物、物与物的连接性，业务数据的共享性，以及关键业务节点的智能化。

烟叶数字化转型受外因影响和内因驱动，烟叶全产业链的业务和管理流程的优化再造、技术平台的搭建、数字化应用场景打造是云南烟叶数字化转型的重要工作组成，在配套项目及设施进行的同时，有助于推动云南烟叶数字化转型的工作进度。本研究成果体现了前沿性、创新性和实用性，在丰富烟叶数字化转型理论方法的同时，也为行业数字化转型探索实践提供切实指导和有益参考，从而为推动全国烟叶数字化转型奠定了坚实的基础，甚至有助于推进农业数字化转型理论研究及实践探索的发展和进步。项目组本着分享交流的理念，将在烟叶数字化领域的所感、所思、所得与读者分享，希望能给烟叶数字化转型领域的研究者带来启发，为烟叶数字化转型的实践者提供参考。但因研究时间和研究水平有限，本阶段性研究成果难免存在一定不足，恳请广大读者批评指正。

"云南烟叶数字化转型实践路径研究"项目组

2024年11月

目 录 Contents

第一篇 绪 论

第1章 烟叶数字化转型基础理论 ·········· 3
  1.1 数字化转型的概念 ·········· 3
  1.2 烟叶数字化转型的内涵与特征 ·········· 5
  1.3 烟叶数字化转型的背景及驱动因素 ·········· 6
  1.4 烟叶数字化转型的现状与趋势 ·········· 7
  1.5 烟叶数字化转型的困难与挑战 ·········· 9
  1.6 本章小结 ·········· 10

第2章 烟叶数字化转型支撑技术 ·········· 11
  2.1 数字化技术清单 ·········· 11
  2.2 数字化技术的典型应用 ·········· 13
  2.3 数字化技术在烟叶业务中的可用场景 ·········· 15
  2.4 本章小结 ·········· 23

第二篇 烟叶数字化转型建设思路

第3章 烟叶数字化转型总体要求 ·········· 27
  3.1 烟叶数字化转型的必要性与可行性 ·········· 27
  3.2 烟叶数字化转型的总体思路 ·········· 31

  3.3 烟叶数字化转型的总体目标 ·················· 33
  3.4 本章小结 ······························· 34

第4章 烟叶数字化转型组织规划 ······················ 35
  4.1 烟叶数字化转型组织管理原则 ··················· 35
  4.2 烟叶数字化转型组织整体架构 ··················· 36
  4.3 烟叶数字化转型组织运行机制 ··················· 37
  4.4 本章小结 ······························· 40

第5章 烟叶业务模式分析 ························· 41
  5.1 烟叶业务流程概述 ·························· 41
  5.2 参与主体及职能分析 ························ 45
  5.3 烟叶业务流程标准化梳理 ····················· 46
  5.4 烟叶生产管理关键指标梳理 ···················· 74
  5.5 烟叶业务管理流程再造分析 ···················· 86
  5.6 本章小结 ······························· 88

第三篇 烟叶数字化转型建设规划

第6章 烟叶数字化转型整体框架 ····················· 93
  6.1 烟叶数字化转型的建设框架 ···················· 93
  6.2 烟叶数字化转型的边界界定 ···················· 95
  6.3 本章小结 ······························ 101

第7章 烟叶数字化转型架构设计 ···················· 102
  7.1 应用架构 ······························ 102
  7.2 数据架构 ······························ 107
  7.3 技术架构 ······························ 116
  7.4 安全体系 ······························ 119
  7.5 本章小结 ······························ 120

第8章 烟叶数字化转型重点任务 …………………………………… 122
- 8.1 烟叶数字化基础设施优化升级 ………………………………… 122
- 8.2 烟叶产业要素数字化建设 ……………………………………… 123
- 8.3 烟叶数字化供应能力建设 ……………………………………… 123
- 8.4 烟农数字化服务能力建设 ……………………………………… 124
- 8.5 数字化决策指挥能力建设 ……………………………………… 124
- 8.6 本章小结 ………………………………………………………… 124

第9章 烟叶数字化转型重点工程 …………………………………… 126
- 9.1 烟叶数据传感新基建工程 ……………………………………… 126
- 9.2 基础云服务平台建设提升工程 ………………………………… 127
- 9.3 烟叶数字化标准体系建设工程 ………………………………… 128
- 9.4 烟叶大数据平台建设工程 ……………………………………… 128
- 9.5 烟叶数据资源建设工程 ………………………………………… 129
- 9.6 烟叶AI算法与模型研发工程 …………………………………… 130
- 9.7 九大业务数字化转型工程 ……………………………………… 130
- 9.8 关键环节装备智能化提升工程 ………………………………… 132
- 9.9 一站式烟农服务体系建设工程 ………………………………… 133
- 9.10 两级协同决策指挥调度管理平台建设工程 …………………… 133
- 9.11 本章小结 ………………………………………………………… 134

第10章 烟叶数字化转型应用场景 …………………………………… 135
- 10.1 智能育苗工厂 …………………………………………………… 135
- 10.2 烟叶生产动态管理 ……………………………………………… 137
- 10.3 数字烘烤工厂 …………………………………………………… 139
- 10.4 自动化收购调拨 ………………………………………………… 140
- 10.5 雪茄烟透明供应 ………………………………………………… 142
- 10.6 普惠烟农服务 …………………………………………………… 143
- 10.7 数据化决策指挥 ………………………………………………… 145
- 10.8 本章小结 ………………………………………………………… 146

第四篇 烟叶数字化转型实践探索

第11章 烟叶数字化转型实施计划 ············ 149
11.1 项目群设计及实施主体设计 ············ 149
11.2 项目优先级设计原则 ············ 150
11.3 建设计划安排 ············ 151
11.4 建设风险管理 ············ 155
11.5 运营管理设计 ············ 159
11.6 本章小结 ············ 162

第12章 烟叶数字化转型建设成效分析 ············ 164
12.1 规划设计成效 ············ 164
12.2 实施推广成效 ············ 166

第13章 烟叶数字化转型展望 ············ 176
13.1 烟叶数字化转型升级将不断加速 ············ 177
13.2 烟叶数字化建设将凸显规模效应 ············ 178
13.3 烟叶数字化"生态圈"将高效运作 ············ 178

附录 缩略语列表 ············ 180

参考文献 ············ 182

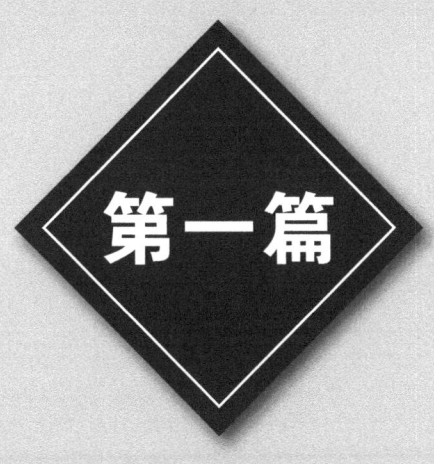

第一篇

绪 论

第1章　烟叶数字化转型基础理论

本章立足理论视角，着重探讨"什么是数字化转型，为什么要进行数字化转型"的问题，包括数字化转型的概念、烟叶数字化转型的内涵与特征、烟叶数字化转型的研究背景及驱动因素、烟叶数字化转型的现状与趋势，以及烟叶数字化转型的困难与挑战。

1.1　数字化转型的概念

随着数字技术应用逐步整合到企业（组织）的业务流程中，并开始助力管理优化，"数字化"的概念于1959年正式提出。不过在概念形成初期，它与"数字转换"的含义并未被刻意区分。数字化转型由数字化发展主要经历的概念变迁而来，包括数字转换、数字化等。在电子数字计算机出现后不久，数字转换和数字化就相继在1954年和1959年出现。数字转换，也有人称为计算机化，是指利用数字技术将信息由模拟格式转化为数字格式的过程。数字化是指数字技术应用到业务流程中并帮助企业（组织）实现管理优化的过程，主要聚焦于数字技术对业务流程的集成优化和提升。数字化转型最早在2012年由国际商业机器公司（IBM）提出，强调了应用数字技术重塑客户价值主张和增强客户交互与协作。数字经济2017年首次出现在政府工作报告中，2019—2022年更是连续4年写入政府工作报告，相继提出"壮大数字经济""打造数字经济新优势""加快数字化发展，打造数字经济新优势，协同推进数字产业化和产业数字化转型，加快数字社会建设步伐，提高数字政府建设水平，营造良好数字生态，建设数字中国""促进数字经济发展。加强数字中国建设整体布局"，并在《中华人民共和国国民经济和社会发展第十四个五年规划和2035年远景目标纲要》中提出"以数字化转型整体驱动生产方式、生活方式和治理方式变革",数字化转型从企业(组织)层面上升为国家战略。

(1)数字化转型核心要义及定义

数字化转型的核心要义是要将适应物质经济的发展方式转变为适应数字经济的发展方式。习近平总书记在2014年国际工程科技大会上的主旨演讲中指出"未来几十年,新一轮科技革命和产业变革将同人类社会发展形成历史性交汇……信息技术成为率先渗透到经济社会生活各领域的先导技术,将促进以物质生产、物质服务为主的经济发展模式向以信息生产、信息服务为主的经济发展模式转变,世界正在进入以信息产业为主导的新经济发展时期"。

团体标准《数字化转型 参考架构》(T/AIITRE 10001—2020)将数字化转型定义为:"顺应新一轮科技革命和产业变革趋势,不断深化应用云计算、大数据、物联网、人工智能、区块链等新一代信息技术,激发数据要素创新驱动潜能,打造提升信息时代生存和发展能力,加速业务优化升级和创新转型,改造提升传统动能,培育发展新动能,创造、传递并获取新价值,实现转型升级和创新发展的过程。"

(2)数字化转型与信息化区别

数字化转型以转型升级和创新发展为目标,主要侧重于以数字技术引领打造数字新能力,推动传统业务创新变革,构建数字时代新商业模式,开辟数字经济新价值和发展新空间。而信息化则以业务管理的规范化和优化为主要目标,主要侧重于以数字技术为支撑优化提升其业务流程和企业管理。而且,传统的企业信息化主要涵盖企业数字转换和数字化发展阶段;而企业数字化转型是在新一代信息技术赋能下,覆盖企业全要素、全过程、全员的系统性、体系性、生态化创新变革过程,其发展理念、战略目标、主要任务和推进策略等都与传统的企业信息化之间存在明显区别,如图1-1所示。

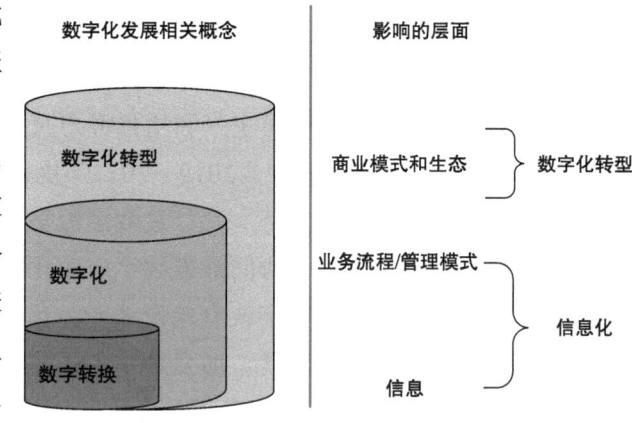

图1-1 数字化发展相关概念与信息化概念关系示意图

1.2 烟叶数字化转型的内涵与特征

1.2.1 烟叶数字化转型的内涵

烟叶数字化转型,是贯彻落实习近平总书记关于全面深化改革重要论述的自觉行动,是乡村振兴战略的深入实施,更是"在哪种烟、谁来种烟、如何种烟"的"破题"之道。深刻把握新时代烟草行业数字化转型,不仅体现在具体的场景应用上,更体现在烟叶全要素、全产业链、价值链优化重塑方面,从而实现资源配置效率的全面提升。

从静态层面来看,烟叶数字化转型是以数字经济为依托,以烟叶生产业务和管理为主导,在现有信息化的基础上,依托于现代农业物联网、移动互联、大数据、边缘计算、人工智能新一代信息技术以及新一代数字及智能装备技术,对烟叶全链条相关的生产经营方式、管理体系、服务模式进行数字化改造,逐步实现形成以信息化为引领,以智能化生产、定制化服务、科学化管理为特征的现代烟草高级形态。

从动态层面来看,烟叶数字化转型受生产力水平、地方性政策、价值观念等多方面内容的影响,其变迁过程将是一个长期、动态、创新的演化过程。随着新理念、新技术在烟草领域不断融合渗透,资源将会向重要领域和关键环节流动,烟叶产能及空间布局不断优化,并围绕烟叶产业这一主线形成多维产业价值网,以高效的业务协同、数据协同、要素协同,实现数字化转型为更多用户赋能。

1.2.2 烟叶数字化转型的特征

一是业务应用全程化。数字化技术的应用不仅体现在单一环节上,它会渗透到烟草农业生产、经营、管理及服务等农业产业链的各个环节,使信息流、物流、知识流、服务流四流合一,形成高度融合、产业化和低成本化的新的农业形态。

二是管理决策科学化。烟叶数字化转型的根本在于管理方式的转变。将3S技术、物联网技术全面感知的信息以数字化形式表现出来,并借助大数据技术、人工智能技术、虚拟技术等信息技术,通过"机器学习+经验模型"建立数字化、智能化技术和控制作业装备高度集成的管理决策模型,"上云、用数、赋智"全面释放管理效能，为烟叶产业高质量发展持续赋能。

三是产业形态生态化。借助新一代通信技术的"链接""互动"和"重构"特点，运用科学思维和物联网等新型技术赋能烟叶产业，能够有效地将经营主体、农产品流通商等产业链上下游连接起来，整合政府、IT企业、科研院所等各类资源，实现烟叶全产业链的产销对接、农工贸一体、一二三产业融合发展。

1.3 烟叶数字化转型的背景及驱动因素

1.3.1 外因影响

数字经济已成为重组全球要素资源、重塑全球经济结构、改变全球竞争格局的关键力量[1]。当前，我国农业正处于从传统农业向现代农业发展转型的关键阶段，乡村振兴战略深入实施，农业农村加快转变发展方式、优化发展结构、转换增长动力，为农业农村生产、经营、管理、服务数字化提供广阔的空间[2-4]。

数字经济已上升为国家战略。数字正成为最具时代特征的农业生产新要素，通过其凸显的乘数效应驱动着农业生产力大幅提升、农业生产关系变革、资源要素配置优化、经营模式迭代升级，为农业发展赋予了新动能。

行业高度重视烟叶数字化转型。烟草农业作为行业的"第一车间"，数字化转型同样备受关注。全国烟叶生产经营管理一体化平台试点建设正在加快推进，贵州、湖南、安徽、重庆等多个烟区先后制定烟草农业数字化发展规划，积极谋划部署本地区烟叶数字化推进工作，数字化支撑烟叶生产高质量、可持续发展已经成为全行业共识。

1.3.2 内因驱动

当前，数字经济已成为重组全球要素资源、重塑全球经济结构、改变全球竞争格局的关键力量，并已成为我国的国家战略，数字正成为最具时代特征的农业生产新要素，通过其凸显的乘数效应驱动着农业生产力大幅提升、农业生产关系变革、资源要素配置优化、经营模式迭代升级，为农业发展赋予了新动能。云南烟叶数字化转型受以下三大内部因素驱动。

一是烟农老龄化严重。随着国民经济飞速发展，农村就业渠道不断拓宽，外界环境不断冲击着烟叶种植产业，受烟农自身因素所限，使烟农不断流失。且随着人民受教育水平的提高以及城市化进程的加快，年轻人外出求学或打工人数逐年上升，烟农队伍日渐趋于老龄化。

二是核心烟区不稳定。以云南省烟区为例，云南城市化进程加快，高原特色农业快速发展，云南工业产业结构发生很大变化，烟叶种植的比较效益下降，适宜烟区和优质烟田加速萎缩，尤其"坝区退化，烤烟上山"现象日益凸显，2005年以来，全省烟草行业建设基本烟田1 647万亩*，目前仅有基本烟田1 024万亩，已流失基本烟田623.35万亩，流失率为37.85%。

三是烟叶质量不稳定。当前我国西南种烟地区多为山区、半山区，用工成为烟叶生产过程最大的成本支出，且目前烟叶生产农机装备水平、运用水平较低，作业配套效果欠佳，还没有形成可以全面推广的成熟模式。农机的服务管理水平及烟农用机意愿不高，部分烟区生产标准化落实程度不够，复烤环节有待提升，对烟叶质量保障造成不利影响。

1.4 烟叶数字化转型的现状与趋势

1.4.1 烟叶数字化转型现状

烟叶生产环节多、涉及面广，业务关系千丝万缕，工作流程千头万绪，基层条件千差万别，数字化转型过程中还面临不少困难和挑战，一些痛点问题亟待解决。

（1）产业链条长、多业态并存

非数字原生企业，特别是像烟草行业这种大型企业，有较长的业务链路，烟叶从产、收、储、调、销等全产业链和人、财、物、事等资源要素全覆盖，在各个环节流程中沉淀着大量的复杂数据。同时受决策链条长、参与主体多等决策机制限制，数字化转型困难多。

（2）数据交互和共享风险高

烟叶业务场景复杂，以数字管理为核心的管理理念尚未形成，覆盖全

---

* 1亩≈667平方米。

流程、全产业链、全生命周期的数据链尚未构建,外部数据融合度不高,无法及时全面感知数据的分布与更新。这些业务形态上的特点,导致烟叶对数据交互和共享(特别是生产、销售、加工、使用侧数据的对外共享)有更多顾虑,难以更好地挖掘数据资产的潜在价值,更容易形成客观上的"数据孤岛"[5]。

(3)数据复杂、历史包袱重

烟叶产业有较长的历史,随着不同阶段业务发展需求,开发了很多应用系统模块,多种版本、多种集成方式、系统间存在大量复杂的集成和嵌套,并包含较多物理表和字段,这些数据又分别存储在不同数据库中,共享困难,数据链路呈"长网"状,链路层级较多。目前,还保留着各个版本的基础软件和各种不同类型的数据存储环境,导致数据来源多样,独立封装和存储的数据难以集中共享,也不敢随意改造和替换,历史包袱沉重。

(4)数据可信和一致化的要求程度高

烟叶数字化转型过程中缺乏全局性战略思维、缺乏全局性组织保障支撑,数字化发展不平衡不充分问题比较突出,供应链上下游之间数字化的覆盖面、完整性、丰富性等方面相对滞后,在整个端到端链条中对数据挖掘不深、交互使用频率不高。基于烟叶业务特征和环节场景的特点,烟叶数字化转型对数据生产质量有更高的要求,需要配置多重精确规则,基于客观事实多重校验,确保数据可信、一致。

1.4.2 烟叶数字化转型发展趋势

烟叶数字化转型要利用数字技术破解企业、产业发展中的难题,要通过大数据来精准捕捉个性需求,重新定义产品与服务,实现业务的转型、创新和增长。

(1)技术架构演变

摆脱传统手段的数据管理方式,智能数据管理是数字化转型工作的未来,数据管理技术架构将会逐步优化和完善。物联网设备应用、大数据分析和机器学习在烟叶产业中找到了更多的应用落地场景,在产、购、销、存等供应链管理数字化转型等方面得到更广泛的应用,既能下沉到数据里触摸到落地的细节,又能上升到整个全景,把握好宏观趋势。

（2）组织架构演变

数字化转型根据自己的具体情况设计适合自身发展的数字化架构，进一步推动烟叶产业生态变革与重构[6]。传统烟叶产品链正扩展为一体化产业链，其中的竞合与依存关系也在发生改变，而一体化产业链的边界则不断模糊。以全链数据为抓手，实现农、工、商的有效协同，逐步构建起"工商一体、基地共建、信息共享、全链贯通"的共同发展模式，推动烟叶产业链供给价值的全面提升。

（3）业务模式创新

在组织架构不断演化的过程中，业务模式创新已成为必然要求，即"业务即创新"。但业务创新需要后台强有力的支撑，需要通过部署数字化技术、优化业务创新方式，推动烟叶产业市场化取向改革有效落地，实现数据资产价值由市场主导的转型目标。工业企业个性化需求趋势愈发明显，这就要求烟叶生产必须从传统粗放生产组织管理向"一企一策"的"订单管理"转型，建立起"始于工业需求、终于工业满意"的一体化PDCA闭环管理模式，这既是推动传统烟叶生产迭代升级的关键路径，也是逐步缓解供需矛盾的必由之路。

（4）技术价值显现

随着技术支撑业务的发展，只有数字化转型所需的整体技术成熟度实现进一步提升，才能真正完成数字化转型。从各层级管理者到基层员工普遍参与到烟叶产业的数字化转型中，基于"全产业链"的思维方式逐步形成，对"云、大、物、移、智、链"等新技术的认知和理解持续深化。当技术人员切实感受到自身工作的价值被认可，贡献被看见，工作热情将显著提升，数字化转型才有未来。

1.5 烟叶数字化转型的困难与挑战

（1）分析烟叶总体业务，依托技术打通产业链

近年来，卷烟品牌竞争格局已经发生明显变化，市场竞争重点从"增量共享"转向"存量分割"，倒逼卷烟工业企业从"以生产为中心"的粗放型营销向以"消费者需求为中心"的精准化营销转变，最大限度发挥市

场在资源配置中的作用。当前，烟草行业贯穿"农、工、商、零、消"的数据链条没有完全打通，信息传递相对滞后。如何应用"互联网+"的理念和技术，打通产业链，直接触达消费者，精准掌握市场需求和市场状态，是实现行业高质量发展要解决的重要问题。

（2）标准化烟叶生产管理流程，实现烟草全产业链数据的互联互通

为满足烟草企业生产经营管理需求，行业内很多企业将条形码、二维码、RFID等标识技术应用于物料供应、生产制造、仓储物流等供应链管理，实现了企业内数据的互联互通，但烟草企业间难以进行有效的数据交互和信息共享。如何实现各企业间标识的互联互通和数据共享，以满足行业产业链上下游企业紧密协作的需求，是实现烟草全产业链高效协同的关键问题。

（3）依托数字技术驱动，优化再造烟叶生产管理流程

烟叶生产数据是烟叶互联网的关键资源要素，是助推行业生产体系升级和行业数字化、网络化、智能化转型的基础动力。如何通过数字技术再造、优化烟叶生产管理流程，提升烟草生产数据资源管理能力，进而深入挖掘烟叶生产数据核心价值，有效扩大烟草企业数据赋能效应，对构建行业互联网生态体系、推动行业高质量发展有重要意义。

1.6 本章小结

数字化转型已成为烟草行业质量变革、效率变革和动力变革的重要驱动力，也是"十四五"时期行业高质量发展的必由之路，未来烟草行业要实现数字化转型，必须把数据管理上升到战略高度，以数据为核心进行价值体系的重构，通过数字赋能业务创新，获取可持续竞争合作优势，从而加速推进烟草行业的数字化转型步伐。

第2章 烟叶数字化转型支撑技术

烟叶数字化转型离不开数字技术的支撑，业务流程再造与管理变革的手段是新技术的充分运用。本章将在对数字技术的全面梳理基础上，阐述数字技术在烟叶数字化转型中的典型应用，并为云南烟叶数字化转型工作开展提供技术选择与技术应用支撑。

2.1 数字化技术清单

数据技术发展日新月异，新技术新产品层出不穷。根据云南烟叶数字化转型工作需要，选择先进适用的数字技术，结合烟叶数字化应用场景，充分考虑各类数字技术的先进性和成熟度，给出烟叶数字化转型可适性数字技术清单，如表2-1所示。

表2-1 云南烟叶数字化转型可适性数字技术

序号	技术类别	技术项	技术定义
1	数据感知技术	接触式传感（器）技术（物理、化学、生物类传感器）	接触式传感器通常依靠物理接触，按一定的规律将物理、化学或生物效应转换成可利用信号，感受事物的状态、特征和方式的信息，用以表征目标外部特征信息的一种信息获取技术
2		非接触式传感（器）技术（光、声、波、图像等感知手段）	非接触式传感器通常依靠基于电、磁、光学、声波或其他原理的技术，而不是依靠物理接触或机械运动来获取感知对象的信息
3	数据传输技术	移动通信技术（4G、5G、MEC等）	移动通信是指移动体之间或移动体与固定体之间进行无线通信的现代化技术

（续表）

序号	技术类别	技术项	技术定义
4	数据传输技术	自组网与物联网技术	自组网是一种移动通信和计算机网络相结合的网络；物联网是指通过信息传感设备，按约定的协议，将任何物体与网络相连接，物体通过信息传播媒介进行信息交换和通信，以实现智能化识别、定位、跟踪、监管等功能
5		感知层人工智能技术	人工智能的技术运用主要还是集中在感知层面，即用技术模拟人的感知能力，类似听觉、视觉和触觉等
6	数据分析决策技术	多组学大数据分析技术	从基因组、转录组、蛋白质组、交互组、表观基因组、代谢组、脂质体和微生物组等不同分子层面大规模获取组学数据，对多组学数据进行整合分析
7		认知层人工智能技术（专家系统、知识图谱、多目标优化等）	认知层人工智能技术是指融合认知科学、脑科学、心理学等多学科的认知智能技术，它强调对人类感知、思考、理解和推理能力的模拟，并能适应复杂环境，使智能体具备高度的认知能力
8		云计算技术（分布式计算、效用计算、负载均衡、并行计算、网络存储、热备份冗杂和虚拟化）	云计算技术最基本的概念是通过网络将庞大的计算处理程序自动分拆成无数个较小的子程序，再交由多台服务器所组成的庞大系统经搜寻、计算分析之后将处理结果回传给用户
9		大数据平台技术	大数据平台是一种通过内容共享、资源共用、渠道共建和数据共通等形式来进行服务的网络平台
10	数字平台技术	区块链技术	区块链技术是分布式数据存储、点对点传输、共识机制、加密算法等计算机技术的新型应用模式
11		农业遥感与地理信息系统技术	农业遥感是指利用遥感技术进行农业资源调查、土地利用现状分析、农业病虫害监测、农作物估产等农业应用的综合技术，可通过获取农作物影像数据，包括农作物生长情况、预报预测农作物病虫害。地理信息系统技术是以地理空间为基础，采用地理模型分析方法，实时提供多种空间和动态的地理信息，是一种为地理研究和地理决策服务的计算机技术系统。遥感是空间数据采集和分类的有效工具，GIS是管理和分析空间数据的有效工具

（续表）

序号	技术类别	技术项	技术定义
12	数字平台技术	移动互联应用技术	移动互联技术指的就是在智能手机、平板电脑、智能穿戴设备等方面进行的网络互联技术，移动互联技术是在4G网络兴起后发展起来的。移动设备小巧方便、易于携带的特点受到广大用户的欢迎，为人们的生活提供便利
13		数字化育种技术与装备	数字化育种技术与装备是指采用现代化的计算机和网络技术以及现代智能装备，对于植物育种当中的基础数据采集、数据存储、数据管理、数据分析和数据智能化推理等进行动态系统集成，最大限度提高育种效率的数字化管理方式
14		设施农业物联网技术	设施农业的主要任务是通过设施设备对环境进行控制，而物联网技术能够为设施农业的环境精准控制提供很好的解决方案
15	智能装备与技术集成创新	精准生产作业技术与装备	精准生产作业技术与装备是基于3S技术、决策支持技术和智能装备对农业生产进行定量决策、变量投入并定位精准实施的现代农业生产管理技术
16		采后智能化技术与装备	物联网、大数据、人工智能给烟叶采后各关键环节带来了新的工具和手段，把现代科学技术应用到烟叶烘烤、分级收购、调拨、仓储物流等实践中，开展烟叶智能烘烤技术与设施设备、自动分级收购技术与装备、自动化仓储物流技术、复烤智能化技术集成和装备开发与应用推广
17		农业虚拟现实技术	农业虚拟现实技术是指利用电脑模拟产生一个三维空间的虚拟世界，提供使用者关于触觉、视觉、听觉等感官的模拟，让使用者如同身临其境一般，可以及时、没有限制地观察三维空间内的事物

2.2 数字化技术的典型应用

通过查询大量文献书籍等材料，整合数字化技术的典型应用，为烟叶数字化转型的工作起到了很好的借鉴和推进作用。具体技术运用如下。

(1)数据感知技术

数据感知技术已在心理学[7]、电力物资供应[8]、农作物种植[9]等领域发挥作用。以心理学领域为例,在认知神经科学快速发展的背景下,传感技术应用在心理状态监测过程中,并逐渐衍生出了多种智能感知产品,用于实时获取佩戴者的心理状态数据,可精确判断佩戴者的心理状态。在电力物资供应方面,数据感知技术通过多模态数据异常检测保障系统稳定性:针对结构化数据采用奇异值分解、突变点检测等算法捕捉数据异常;面向非结构化数据,基于数据关联性、一致性等特征进行分类校验。在农作物灌溉方面,将数据传感技术与精准调控技术结合,通过多路传感器,分别实时采集土壤湿度、空气湿度等数据,经过数据格式转换、信号处理,由微处理器根据作物实际需求,确定灌溉量,然后控制信号输出,结合中央管理计算机的指令,控制电磁阀的开关,以实现精准灌溉的目的。

(2)数据传输技术

数据传输技术是指数据源与数据宿之间通过一个或多个数据信道或链路、共同遵循一个通信协议而进行的数据传输技术的方法和设备。目前数据传输技术广泛应用于遥感卫星[10]、高清数字电视[11]、农业移动终端[12],数据传输技术在遥感卫星领域的任务是将卫星获取的原始或者压缩处理后的数据在依据给定误码率的基础上传输到地面接收设备。在高清数字电视发展过程中,借助数据传输的方式进行高清电视信号传输,另通过数据在有线网络中的处理技术以及数据在传输中的转码技术有效地提高了传输效率和增强了画质的清晰度。此外,数据技术在农业移动终端方面的应用主要针对农业信息采集与传输的特点,基于TCP/IP协议设计优化了移动式农业信息智能服务系统的数据管理和传输方法,设计移动终端与上位机之间的计算机网络应用层无线数据传输协议,研究数据传输形式、传输格式和传输内容。

(3)数据分析决策技术

数据分析决策技术在农业领域使用较为广泛,通常以作物生长施肥过程为研究对象,对不同土壤条件中的作物生长信息进行数据分析,建立一种智能化变量施肥决策控制系统[13],以作物生产要素之间的相互关系为依据,对有限空间范围内的相关环境参数数据进行处理,形成固定施肥模型,再利用系统开发工具,建立基于数据分析技术的变量施肥决策控制系统。

（4）数字平台技术

华为将数字平台定义为"融合技术、聚合数据、赋能应用的机构数字服务中枢，以智能数字技术为部件、以数据为生产资源、以标准数字服务为产出物"[14]。随着数字时代的发展，拥有技术、数据、算法、资本与创新能力的数字平台已渗透各行各业，在助力城市治理现代化[15]、企业产业转型升级[16]、智慧农业[17]等领域影响意义重大。在农业领域，通过建立综合的数据平台调控农业生产，还可以记录分析农业种养过程、流通过程中的动态变化，并通过分析数据，制订一系列调控和管理措施，助力产业链各环节的科学决策，实现可持续的产业发展和区域产业结构优化，促进农业高效有序发展。

（5）智能装备与技术集成

智能装备与技术集成是精细作业技术得以有效实施和推广的重要载体，主要包括应用在播种、灌溉、施肥、除草、喷药等生产环节的智能型农业装备，能够实现定位变量作业[18]。国内已经研制出了现代农业生产技术装备及配套生产管理技术，形成了系列的智能农业机械化作业装备和高效的生产监控管理体系，各种电子监视、控制装置已应用于复杂农业机械上，光机电液一体化的信息、控制技术在农业装备中的应用，有效提高了农业装备的作业性能和操作性能[19]。目前智能装备技术在农业播种、灌溉、施肥、除草、喷药等生产环节中已广泛应用。

2.3 数字化技术在烟叶业务中的可用场景

数字化技术场景设计和匹配运用，是数字化转型的本质所在，将贯穿烟叶数字化转型建设的始终。关于烟叶数字化转型建设中如何高效应用数字化技术，在进行烟叶业务流程优化及再造的过程中，针对每一流程节点，精心设计基于流程的所有可能的数字化应用场景，具体可应用场景如下。

（1）非接触式传感（器）技术

非接触式传感（器）技术主要是通过光、声、波、图像等感知手段，记录不同位置、速度、温度、空气环境质量和距离。烟草主要应用需求为遥感（光谱）技术（手持式光谱、地面遥感、航空遥感、航天遥感），可支撑烟田监测、烟叶长势分析、清塘点棵、成熟度监测、病虫害防治、巡检等场景应用。

（2）接触式传感（器）技术

接触式传感（器）技术中的生物信息传感技术是指对动植物生长过程中的生理信息、生长信息及病虫害信息等进行检测的技术，可用于检测烟田中烟株中的氮元素含量、烟株生理信息指标、农药化肥等化学成分在植物上的残留现象等。

接触式传感（器）技术中的环境信息传感技术主要是对关系植物生长的水、气、地等环境因素行传感检测的技术，可用于烟草育苗环境、大田环境、仓储环境、运输环境的监测。

（3）移动通信技术

通信技术包含4G、5G、MEC技术等，第五代移动通信技术是具有高速率、低时延和大连接特点的新一代宽带移动通信技术，是实现人机物互联的网络基础设施，其广泛应用于工业、农业、消费、医疗、环境、安全、交通、教育等场景，如图2-1所示。烟草上可应用于远程烟叶诊断、农机无人驾驶、移动视频监测等场景。

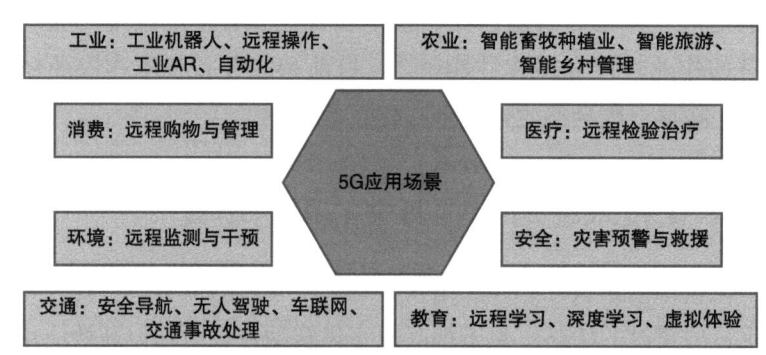

图2-1　第五代移动通信技术应用场景

（4）自组网与物联网技术

通过射频识别（RFID）、传感器、全球定位、激光扫描等信息传感设备，根据已约定的协议，将任何物品通过物联网域名、信息交换和通信连接起来，以实现智能识别、定位、跟踪、监控和管理。可应用于烟草的全自动化仓储、仓储智能控制与实时监控、烟草产品与品牌智能追溯、烟草配送可视化，实现烟草产品从生产到消费者之间的定位、识别、跟踪、监控和管理，使烟草生产企业、流通企业、代理商、专卖店之间能够进行异地、远程、动态全天候的智能联网与物物通信。

（5）感知层人工智能技术

目前人工智能技术集中感知层面，例如，在语音识别领域，有基于智能音箱的语音对话交流，基于地图的语音导航，还有基于智能翻译器的语音翻译；而在人脸识别领域，也有人脸考勤、人脸测温和人脸支付；此外，还有基于AR或VR技术的游戏应用、基于计算机视觉的机器人等。如图2-2所示，感知层人工智能技术主要通过语言、图像、视频及AR/VR等手段，可支撑烟叶长势识别、病虫害识别、成熟度识别、烘烤过程烟叶素质变化分析、烟叶定级、身份认证、目标优化等，其中AR/VR等手段可应用于烟草异物剔除、成品烟外观质量检测、成品烟包装质量检测等场景。

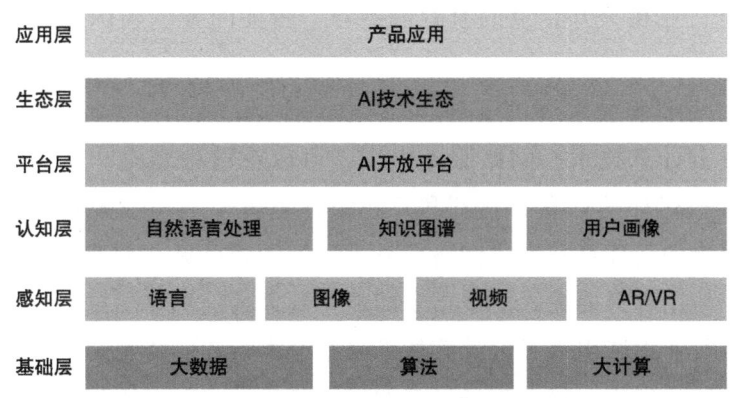

图2-2 人工智能技术布局

（6）多组学大数据分析技术

组学分析技术分为基因组、转录组、蛋白组、代谢组，对基因组、转录组、蛋白组、代谢组是从研究对象的基因序列、转录本、蛋白质、生物小分子代谢物等多角度出发，从整体上探讨生物体的变化规律。而多组学数据分析则分为转录组与蛋白组的联合分析、代谢组与转录组的联合分析、代谢组与蛋白组的联合分析。基于各组学的特点及其各自相适应的分析技术，烟草基因组学、转录组学、蛋白质组学、代谢组学和代谢调控网络有机结合，根据基因、转录、蛋白、代谢等层面上的结果分析烟株的外观及生态表现，为烟叶育种过程提供基因组学、环境组学及全生育期表型组学分析和鉴定。

（7）认知层人工智能技术

相较于计算智能和感知智能，认知智能更为复杂，是指机器像人一样，有理解能力、归纳能力、推理能力，有运用知识的能力。"认知智能"是人工智能技术发展的高级阶段，旨在赋予机器数据理解、知识表达、逻辑推理、自主学习的能力，使机器能够拥有类似人类的智慧，甚至具备各个行业领域专家的知识积累和运用的能力。目前认知智能技术还在研究探索阶段，如在公共安全领域，对犯罪者的微观行为和宏观行为的特征提取和模式分析，开发犯罪预测、资金穿透、城市犯罪演化模拟等人工智能模型和系统；在金融行业，用于识别可疑交易、预测宏观经济波动等。要将认知智能推入发展的快车道，还有很长一段路要走。目前可应用于烟草行业相关知识点的有智能推荐、智能问答、知识检索、关联分析等。

（8）云计算技术

通过云计算技术，网络服务提供者可以在数秒之内，达成处理数以千万计甚至亿计的信息，达到和"超级计算机"同样强大效能的网络服务。最简单的云计算技术在网络服务中已经随处可见，如搜寻引擎、网络信箱等，使用者只要输入简单指令即能得到大量信息。经过多年的发展实践，烟草行业逐渐引入了云计算技术来整合本行业的资源。这一技术是信息时代发展的产物，符合市场经济的发展趋势，将其应用到烟草行业当中必然会提升烟草行业的发展效率，为烟叶数字化转型提供弹性的信息化资源与服务。

（9）大数据平台技术

大数据技术具有数据体量庞大、运算分析速度快、种类多元化等应用优势。将大数据技术应用于烟草行业的信息管理工作中，不仅能够加快相关工作人员搜集、整理、归纳数据的速度，还可以帮助企业领导人进行投资决策，帮助企业进行战略转型升级。因此大数据平台技术可应用于烟叶主体数据汇聚、数据资源集成、数据治理与共享、海量数据分析、大数据可视技术，实现数据资源服务、数据分析挖掘服务、知识情报服务、协同创新服务、科研管理服务、科技决策支持服务和基础设施云服务等功能。

（10）区块链技术

区块链技术是分布式数据存储、点对点传输、共识机制、加密算法等计算机技术的新型应用模式，将区块链开发与香烟质量溯源相结合，通过区块链特有的不可篡改、去中心化分布式储存、可信追溯、加密算法等特点赋能香烟质量溯源体系，可达到简化溯源流程、增强商业信任、增加信息透明度、提高审查能力、赋能行业发展的目标，为烟叶数据共享提供可信支撑，如烟叶质量信息追溯、防伪等。

（11）农业遥感与地理信息系统技术

农业遥感指利用遥感技术进行农业资源调查、土地利用现状分析、农业病虫害监测、农作物估产等农业应用的综合技术，可通过获取农作物影像数据，包括其农作物生长情况，预报预测农作物病虫害。地理信息系统是用于输入、存储、查询、分析和显示地理数据的计算机系统，其组成如图2-3所示。

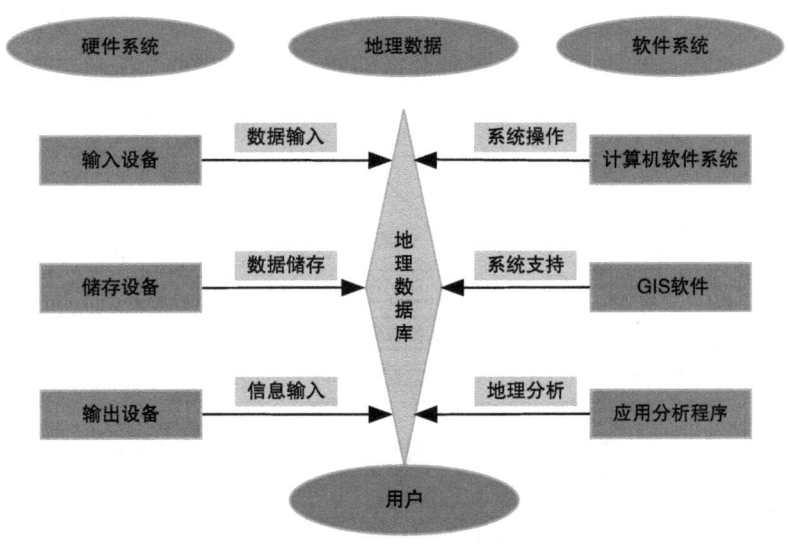

图2-3　地理信息系统组成

3S技术的集成应用，可面向烟田、烟叶进行遥感监测，实现数据动态更新和基于地理信息系统的烟叶生产和管理智能决策。

（12）移动互联应用技术

移动互联技术作为世界的主流，一个新兴的互联网技术，俨然已经成为全球关注的焦点，所谓的移动性，是相对于最原始的固定电话以及固定式的网络系统而言的。移动互联网又分为狭义理解与广义理解，前者从技术实现角度来看，是以宽带IP核心技术为支撑，通过开放的基础电信网络构建数据承载能力；后者从用户使用角度来看，是在移动互联网移动终端（手机、上网本、PDA）上，以移动终端接入互联网系统且使用互联网业务，以数据流量传输的方式，实现信息交互、在线服务办理等互联网业务的移动化应用。

移动互联网应用技术为烟叶生产和烟农服务中涉及的信息获取、业务办理、移动定位、身份认证、移动支付等业务场景提供技术支撑。

（13）数字化育种技术与装备

针对烟草的数字化育种技术就是采用当代先进的计算机和网络技术，对于烟草育种当中的基础数据采集、数据存储、数据管理、数据分析和数据智能化推理等进行动态系统集成，最大限度提高育种效率的数字化管理方式。其中烟草数字化育种的各种数据的相互关系如图2-4所示。

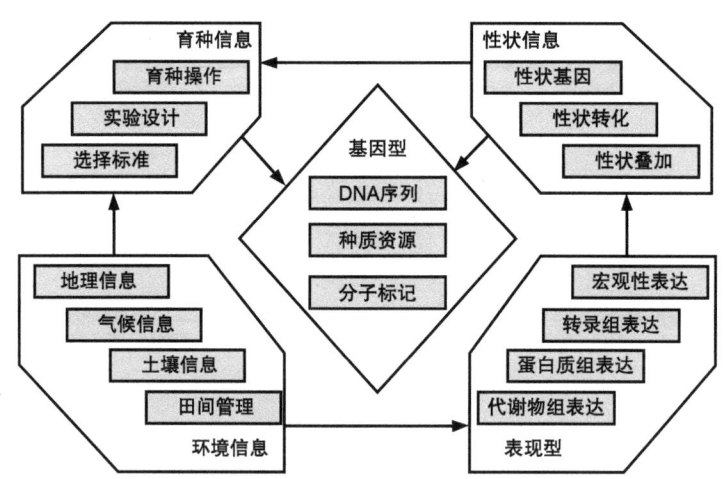

图2-4　烟草数字化育种相互关系

烟草数字化育种技术与装备应用于烟叶表型数据获取（性状信息）、多组学融合分析（表现型）、环境数据获取（环境信息）、育种智能装备与仪器（育种信息）。

（14）设施农业物联网技术

设施农业物联网技术可应用于烟叶育苗相关的温室环境智能控制、水肥智能调节、数字灭菌控制技术、智能育苗管理系统等。

智能温室大棚系统已广泛应用于薄膜大棚、玻璃大棚、PVC日光温室及联栋温室等多种设施类型，通过大量传感器实时远程监测烟苗生长环境，在线获取空气温湿度、土壤水分、土壤湿度、土壤肥力、土壤pH值等数据，以烟苗栽培工艺为指导，通过云平台边缘计算实现自动化管理，包括灌溉、卷帘、喷淋、施肥、打药等操作，云平台自动进行数据存储分析，为改进种植方案提供数据服务，如图2-5所示。

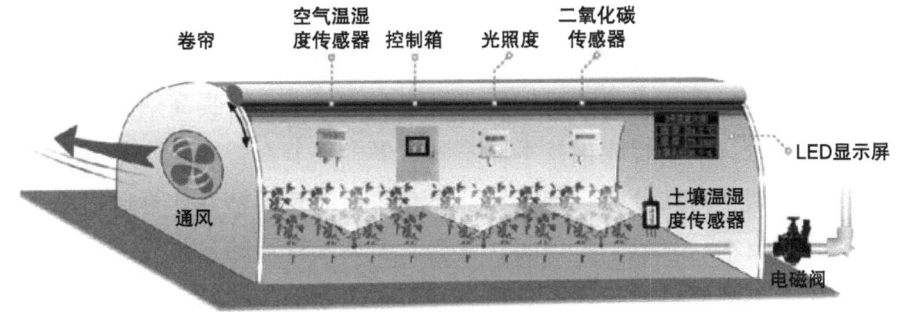

图2-5　智能温室大棚模拟图

此外，水肥智能调节系统适用于大田、温室等烟苗烟株灌溉作业，根据土壤水分、烟苗烟株需肥规律，设置水肥施加方案，对灌溉量、肥液浓度、酸碱度、吸肥量、灌溉时间、灌溉方式等重要参数进行监控和更改，以实现节水节肥的自动化灌溉，如图2-6所示。

图2-6　水肥智能调节系统

（15）精准生产作业技术与装备

目前精准生产作业技术与装备在农业领域应用广泛。在烟草场景中主要体现在精准水肥管理、病虫害预测预报及烟株长势监测等方面。该技术体系通过高精度导航定位、变量施肥、农药变量喷洒、节水灌溉、自动采收等装备，结合农机作业质量监测与农机控制技术集成应用，实现烟叶生产自动化、智能化。

（16）采后智能化技术与装备

在优质烤烟生产中，采后烟叶烘烤是关键环节，常有"烟叶烤好是炕宝，烤坏一堆草"的说法，凸显烘烤工艺对烟叶品质的决定性作用。而烟叶变黄程度和干燥程度则是衡量烟叶烘烤工艺好坏的两把"金标尺"。烟叶智能烘烤监控系统以烟叶烤房内的温湿度为输入量，以烤房的调温和排湿装置为控制对象，通过单片机控制系统采用模糊神经控制算法，使烟叶烘烤过程中温湿度的变化满足三段式烘烤工艺要求，既提高烟叶烘烤质量又节省劳动力。采后智能化技术体系涵盖多个环节：智能收购分选定级系统实现烤后烟叶自动分级收购；自动化仓储物流技术结合计算机信息系统与监控管理技术，完成烟叶仓储、输送、周转及管理的全流程自动化；复烤智能化技术则通过新一代信息技术与复烤工艺的深度融合创新。这些技术通过集成应用，构建起覆盖智能烘烤、自动分级、智慧仓储及复烤加工的完整技术装备体系。

（17）农业虚拟现实技术

虚拟现实与烟草产业的融合创新，正在重构传统生产、培训及灾害防治模式，成为"互联网+烟草"的典型应用场景。

该技术通过构建虚拟植物模型，可完整模拟烟株生长周期，直观呈现株高、产量等关键指标与光照、温湿度等环境因素及农艺措施的动态关联。结合虚拟施肥系统与育种分析平台，依托大数据技术实现对烟株生长趋势及产量的精准预测。

在农事决策支持方面，虚拟现实技术能够模拟害虫行为轨迹，优化喷药策略与作业时机；针对干旱、洪涝等极端气候，可通过虚拟环境开展灾害模拟实验，建立危机预警模型并验证防治方案。该技术体系已深度融入烟叶产业链，在科研攻关、生产技术推广、烟农技能培训及灾害应急管理等领域发挥重要作用，显著提升行业整体效能。

2.4 本章小结

本章基于现有研究成果与行业实践，系统梳理了数字化转型技术在烟草产业中的创新应用路径。研究聚焦数字化转型核心技术、典型实施场景及烟草行业适配性解决方案，揭示数字化技术深度融入烟叶生产全链条的关键价值。

研究发现，通过物联网、大数据、人工智能等技术的系统集成，可实现烟草种植全周期的精准化管控：在环境感知层面构建多参数监测网络，在决策支持层面建立作物生长模型与工艺数据库，在执行控制层面部署智能装备集群，最终形成覆盖种子处理、土壤监测、变量施肥、智能灌溉、病虫害AI识别、采收烘烤等环节的数字化生产体系。这种转型不仅推动传统烟草农业向集约化、高效化升级，更通过全要素数据贯通解决了行业长期存在的经验依赖、资源浪费等问题，为构建现代烟草生产模式提供技术支撑。

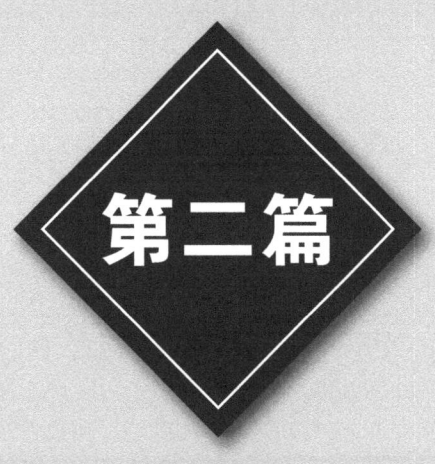

第二篇

烟叶数字化转型建设思路

第3章 烟叶数字化转型总体要求

烟叶数字化转型是云南省烟草领域的重要变革,由新技术应用推动业务与管理升级。不仅涉及烟叶数字化转型人才队伍整合和烟叶业务模式优化与再造,更通过新技术实现烟草业务管理方式的转型,构建烟叶业务管理新模式。本章基于前两章的研究结果,以云南烟草农业为例,分析云南烟叶数字化转型的必要性和可行性,进而重点阐述云南烟叶数字化转型的总体思路及总体目标。

3.1 烟叶数字化转型的必要性与可行性

信息化是现代农业的制高点,大数据是信息化的新阶段[20],烟草是农业的重要组成部分,烟草行业的数字化转型需求迫切。国家烟草专卖局明确提出,烟草行业要抢抓互联网与行业生产经营管理融合创新的变革机遇,积极开展"互联网+"探索实践,推动云计算、大数据、物联网、移动互联等新技术在行业各领域的覆盖应用[21],实现面向生产经营全要素、全产业链、全价值链的智能服务,构建具有行业特点的信息化创新发展新模式[22],驱动行业提质增效转型升级,加速行业向"数字化、网络化、智能化"发展[23]。

3.1.1 烟叶数字化转型的必要性

(1)烟叶数字化转型是新格局下找准烟叶发展方位的必然选择

烟叶数字化转型是推进产业振兴发展、建设烟区数字农业生态体系的有效途径,是在区域资源禀赋的基础上调优农作物种植结构、巩固脱贫攻坚成果、推动乡村振兴和谐发展的有力工具,是找准烟叶发展方位、实现烟叶可持续发展的必然选择。

（2）烟叶数字化转型是新形势下稳固烟叶发展基础的必要举措

随着城市化进程加快，特色农业快速发展，农业产业结构不断变化，烟叶种植比较效益下降，适宜烟区和优质烟田加速萎缩，农村外出务工人员增多，农村青壮年劳动力流失，烟区的烟农年龄持续增高，稳定烟农队伍迫在眉睫。推进烟叶数字化转型有助于厘清"在哪种""谁来种""如何种"等烟叶生产底牌，有利于提高烟叶生产组织管理效能，加强合理规划与科学布局能力。

（3）烟叶数字化转型是做优烟叶供给体系的核心引擎

聚焦烟叶供应链整体效能和保障水平提升，通过大数据、云计算、物联网、移动互联、人工智能、遥感、5G、区块链等现代农业技术，实现烟叶生产全程、全面信息化和智能化。重组生产要素、优化供应流程和业务协同，依靠数字创新驱动烟叶高质量发展，增强产业实力。通过烟叶数字化转型转变发展方式，提高烟田产出率、劳动生产率、资源利用率，实现烟叶生产减工降本、提质增效、绿色可持续发展，促进烟叶生产、经营、管理和服务的效率、效能、质量及品质的效益产出，是烟叶高质量发展的客观要求。

（4）烟叶数字化转型是构筑数字化时代企业竞争新优势的战略选择

企业数字化转型的核心是搭载信息化思想及信息技术手段，全面优化企业现有组织结构及工作流程，为企业提供全新的盈利模型，达到企业业态重构的目的。通过改革的方式对烟叶生产、经营、管理、服务等要素进行数字化转型与升级，提高企业整体运营模式与智能化发展环境的适应性。

（5）烟叶数字化转型是基层减负及预防廉洁风险的迫切要求

面对新形势新任务，全面推进烟叶数字化转型有助于完善责任机制、学习教育机制、运行管理机制、监督检查机制、问责机制，优化再造烟叶生产管理流程，实现烟叶高效透明生产，为基层烟站减负，为预防廉洁风险提供必要工具。

3.1.2 烟叶数字化转型的可行性

（1）数字经济时代数字化已成潮流趋势

随着数字技术发展，数字化已渗透至人与人、人与物、人与钱的交互场景，为生活带来效率、效益、绿色、安全等体验，数字应用成为生活必备工具。数字经济时代下，一方面推动数字产业化加速增长（目前仅10%企业实质推进数字化变革，未来结合"互联网+"、5G、物联网等技术，发展空间广阔）；另一方面促进数据技术产业跨界发展，大数据经济呈现四大特点：以云端计算为核心、数据为产出要素、生态服务主导的商业载体、信息开放主导的国际合作模式。这是中国继农耕经济、工业经济后新兴的社会经济增长形式，也是全球经济增长的主导模式。

（2）多重利好政策措施接连出台

我国保障数字经济社会快速发展效能的政策措施也在进一步推进并加速落地。如2016年3月，通过《中华人民共和国国民经济和社会发展第十三个五年规划纲要》，正式实施我国信息化发展战略，这标志着大数据分析已被我国政府部门引入技术创新发展战略层面，变成国家战略计划的重要核心任务之一；2019年10月，河北省（雄安新区）、江苏省、山东省、广东省、四川省等地正式启动了我国数字经济社会技术创新试点区；2020年3月，《中共中央、国务院关于构建更加完善的要素市场化配置体制机制的意见》指出：土地、劳动力、资本、技术、数据五大基本要素行业相关领域改革发展的重要方向，确定了进一步健全要素市场化配置的具体实施措施，这是首次将统计信息当作一个产品要素载入政策文件；2020年7月，国家发展改革委等十三部门联合发布《关于支持新业态新模式健康发展 激活消费市场带动扩大就业的意见》，意在通过支持新业态新模式健康发展，激活消费市场带动扩大就业，打造数字经济新优势；2020年8月21日，国务院国资委印发《关于加快推进国有企业数字化转型工作的通知》，就推动国有企业数字化转型作出全面部署；2020年全国烟草工作会议，提出把握"十四五"烟草行业新发展战略，以数字化转型为主线，积极推进数字技术与烟草产业深度融合，着力打造上下贯通、左右连通、内外融通的一体化烟草数字产业链供应链，为畅通一体化组织运行开辟新路径，为行业高质量发展注入新动能；2021年10月，烟草行业网络安全和信息化领导小组召开会议，要求坚定不移推进实施行业数字化转型战略。全行业要深刻认识推进数字化转型的重要意义，深化对数字化转型长期性和复杂性的认识，始终坚持系统观念，牢固树立"一盘棋"思想，推动形成上下联动、多方协同、整体推进的发展格局，走出一条符合中央要求、契合行业实际的数字化转型之路。

（3）云南烟草数字化转型基础扎实

经过近40年的发展，中国烟草已迈入高质量发展阶段。中国烟草产业体系完整，数字应用场景丰富，这是中国烟草数字化转型最为坚实的基础条件。"十四五"时期，烟草行业大力推进实施数字化转型战略，以全国烟草生产经营管理一体化平台建设为抓手，通过数字化转型推动产业升级，开辟行业发展新局面。

长期以来，云南烟草商业高度重视信息化工作，主动拥抱信息化，全面建设信息化。经过数十年持续推进各项业务与现代信息技术深度融合，信息化建设效能有效提升，拥有运行平稳、方便扩展、触觉灵敏的终端硬件设备和网络设备，建成了覆盖面广、使用灵活、可以移植的软件设施，具备基本完善的信息基础设施。烟叶生产经营基本实现信息化管理全覆盖，形成了国家局（总公司）、省局（公司）、州（市）级（公司）、县级分公司、烟叶收购站（点）的五级信息化应用。多年来的信息化建设，沉淀了大量宝贵的历史数据，培养了一大批能够熟练使用计算机辅助处理业务的业务人员，形成了具有开拓精神的领导团队和拥有扎实专业知识的信息技术团队，通过"一部手机种好烟""一站式烟农服务平台"等推广应用，取得了较好成效。

当前，相关从业人员学习数字化技术、应用信息新技术、参与数字化建设积极性高涨，部分基层企业积极学习借鉴其他行业数字化建设经验，主动探索烟草农业物联网建设和数字化转型思路，为数字烟草农业建设打下了扎实的发展基础。在当前转型升级迈向高质量发展的关键期，结合烟草行业"十四五"以数字化转型为主线提出明确目标与要求，转思维观念、转驱动方式、转技术架构、转工作模式进行推进，为行业高质量发展注入新动能。

3.2 烟叶数字化转型的总体思路

3.2.1 指导思想

以习近平新时代中国特色社会主义思想为指导，全面贯彻党的二十大精神，深入贯彻落实习近平总书记关于网络强国、数字中国的重要论述，立足新发展阶段，完整、准确、全面贯彻新发展理念，融入新发展格局，以创新引领、数据驱动为核心，夯实数字基础设施，深化数字开放合作；以数据为关键要素，以数字技术与烟叶产业链、供应链深度融合为主线，加强数字基建和数字创新，完善数据治理体系，构建覆盖全产业链的烟叶产业互联网平台；以数字赋能推动烟叶高质量发展、助力乡村振兴，开启烟叶数字化发展新征程。

3.2.2 总体定位

围绕"数字烟草"，剖析烟叶产业链，布局数字创新链，重塑行业价值链。以烟叶生产业务和管理为主导，以数据应用为核心，以科技创新为驱动，以提升烟叶生产管理水平为主线，以防范基层廉洁风险、切实为基层减负为落脚点，突出结合实际、看齐前沿，聚焦数据赋能、模式创新，强化集成整合、高度协同，坚持数字生态、开放融合，对烟叶全链条相关的生产经营方式、管理体系、服务模式进行数字化改造。通过数字技术创新持续推进管理流程优化，生产场景重塑，为云南烟草"找准烟叶发展方位、稳固烟叶发展基础、做优烟叶供给体系"持续赋能。

（1）突出"唯实唯先，前瞻布局"

基于烟叶生产经营现状，准确把握产业链主体当下切实转型需求和产业发展趋势，推动先进适用数字、装备技术研发和落地推广，加快数字与业务创新融合。

（2）聚焦"数据赋能、模式创新"

把数据作为新的烟叶生产要素，加快数据采集治理、推动数据开放共享、提升数据质量和价值、加强数据安全。构建烟叶智能化生产、网络化管理、数字化协同、个性化服务新模式，实现数字与业务深度融合、物理与信息耦合驱动。

（3）强化"集成整合、高度协同"

构建统一平台，全面整合资源、规范流程管控、统一数据技术标准；依托数字化技术对云南烟叶的生产组织管理、服务体系、方法流程、工具手段等进行系统性重塑。坚持省局（公司）、州（市）级（公司）、县级分公司、烟站（点）四级一体推进，烟叶产业链上下游高度协同，提升生产和管理效率。

（4）坚持"迭代提升、开放融合"

以产业价值重构为主线，实现技术和业务互为支撑、双向迭代、螺旋上升；构建数字开放创新环境，聚合产业链和社会创新资源，形成烟草商业、工业、金融机构、运营商、供应商和烟农等在内的数字产业生态，打造持续创新的数字烟草农业生态圈，盘活烟叶生产要素，提升云南烟叶产业效率、效能、效益。

3.2.3 总体思路

烟叶数字化转型以"连接—数据—智能"为总体技术思路，通过分析烟叶供应链、产业要素及参与主体的数字化现状、需求和成熟度，明确烟叶数字化转型工作的范围与界限。实现烟叶全要素、全产业链、价值链优化重塑，资源配置效率全面提升。

如图3-1所示，按照总体要求，坚持问题导向和结果导向，将工作分为需求摸底与业务调研、目标制定与规划设计、任务梳理与项目建设3个阶段。在需求摸底与业务调研阶段，从战略层面、业务侧、技术侧、创新侧4个角度，对烟叶业务现状进行全面梳理，并开展数字化转型需求的调研；在目标制定与规划设计阶段，确定总体规划与细化设计方案；在任务梳理与项目建设阶段，细化项目实施依据与清单。通过3个阶段工作，明确烟叶数字化转型"需求—场景—项目"3张清单。

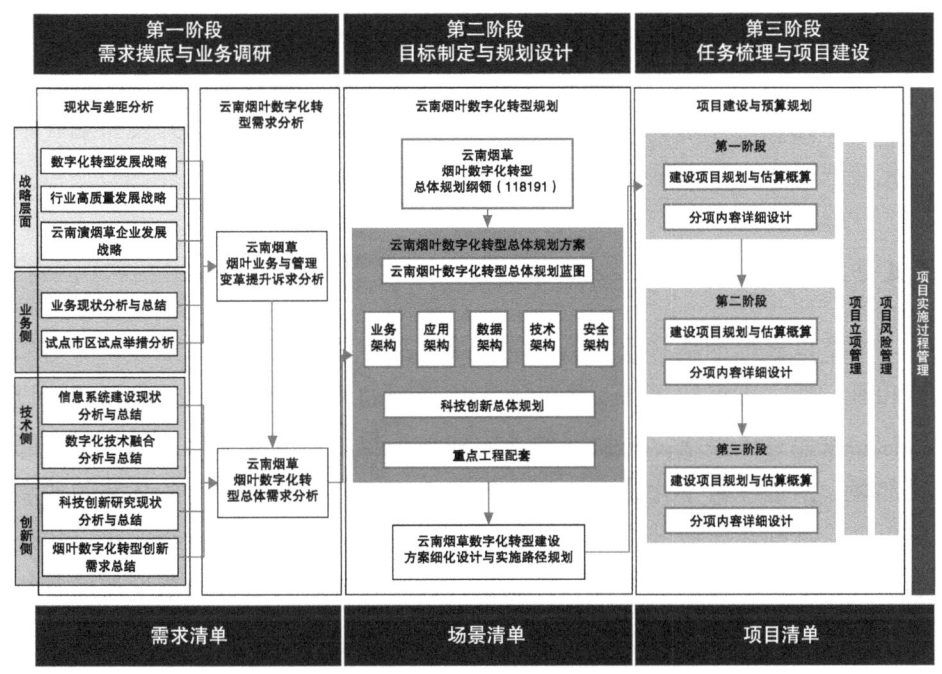

图3-1　烟叶数字化转型总体工作思路

3.3　烟叶数字化转型的总体目标

到2024年，全面融入全国烟草生产经营管理一体化平台建设，数字技术与烟叶产业链融合创新取得显著成效，资源要素配置效率大幅优化，管理服务数字化及生产经营智能化水平明显提升，基本建成行业引领的烟叶数字化供给体系，为农产品单品供应链及大型涉农国企数字化转型提供参考架构。

第一阶段：全面提升烟叶关键业务环节的数字化水平，实现烟区管理信息化、烟叶生产管理全程数字化、烟农服务在线化；统筹推进烟叶业务数据存量共享和增量更新，构建烟叶大数据平台，提升数据感—传—治—算—用水平。

第二阶段：实现数字驱动烟叶生产、经营、管理、服务流程持续优化；数字创新重塑关键生产场景；创新建立烟叶数据流动赋能技术支撑框架，形成数据洞察能力，持续提升基于数据决策的能力。

第三阶段：实现烟叶关键生产场景的少人化、智能化；实现烟叶生产管理流程、场景、组织的深度再造，产业要素融合重构，建成领跑行业的烟叶数字化供给体系；初步形成烟叶产业数字生态圈，制定并发布烟叶数字化转型行业标准和参考架构。

3.4 本章小结

本章以云南烟草农业为例，从多维度探讨烟叶数字化转型建设的必要性和可行性，重点阐述云南烟叶数字化转型的总体定位、工作思路和建设目标。按照总体要求，坚持问题导向和结果导向，围绕"数字烟草"分阶段部署云南烟叶数字化转型建设工作，全面提升烟叶关键业务环节的数字化水平，推动数字驱动烟叶生产、经营、管理、服务流程持续优化，实现烟叶关键生产场景的少人化、智能化，最终高效融入全国烟草生产经营管理一体化平台建设。

第4章 烟叶数字化转型组织规划

根据烟叶数字化转型所需组织分工不同，云南烟叶数字化转型组织共分六大组、八小组，六大组分别为领导小组、咨询规划组、领导小组办公室、业务转型组、技术支撑组、项目实施组；八小组分别为业务转型组的决策指挥中心小组（管理侧转型研究组）、生产动态管理小组（生产侧转型研究）、一站式烟农服务小组（服务侧转型研究）、工商协同小组（经营侧转型研究组）、科技创新研究小组，以及技术支撑组的数据治理小组、软件技术小组、物联网与智能装备小组。

烟叶数字化转型组织规划是烟叶数字化转型工作的基础之一，同时也是烟叶数字化转型工作的重要工作之一，旨在构建烟叶数字化转型工作管理模式。本章着重阐述烟叶数字化转型的组织规划问题，包括组织管理原则、组织整体架构及组织运行机制。

4.1 烟叶数字化转型组织管理原则

烟叶数字化转型组织管理遵循共生与协同原则。共生强调组织和个人、组织和其他组织之间相互成就与合作共赢，需要不断开拓新的领域；从内部成员各自负责的分工制模式，转向协同组织模式。因为目前环境呈现动态变化趋势，具有不确定性，只有协同组织内外成员，才能共同应对和解决数字化转型过程中面临的困难。随着信息技术的高速发展，组织、人才、战略均需要做出调整，才能更好地推动烟叶数字化转型实践方案的落地，应对烟叶数字化转型中面临的困难和挑战。组织管理对于烟叶数字化转型的成败具有重要作用，它承载着烟叶数字化转型数字领导力的落地。

总体而言，烟叶数字化转型组织管理要摒弃传统观念，悦纳新观念，以全新的视角来重建数字化组织，并把握好共生、协同两个关键词。

4.2 烟叶数字化转型组织整体架构

组织中沟通、效率、质量、标准和责任等重要因素受组织架构影响。组织架构指组织内部团队之间相互关系的布局，包括人员部门分配及层级结构安排。以云南烟叶数字化转型为例，省局（公司）为深入开展"一部手机种好烟"建设，有序推进烟叶生产经营数字化转型，助推烟叶产业高质量发展，成立了云南烟叶数字化转型工作领导小组及工作专班，其数字化转型组织整体架构如图4-1所示。

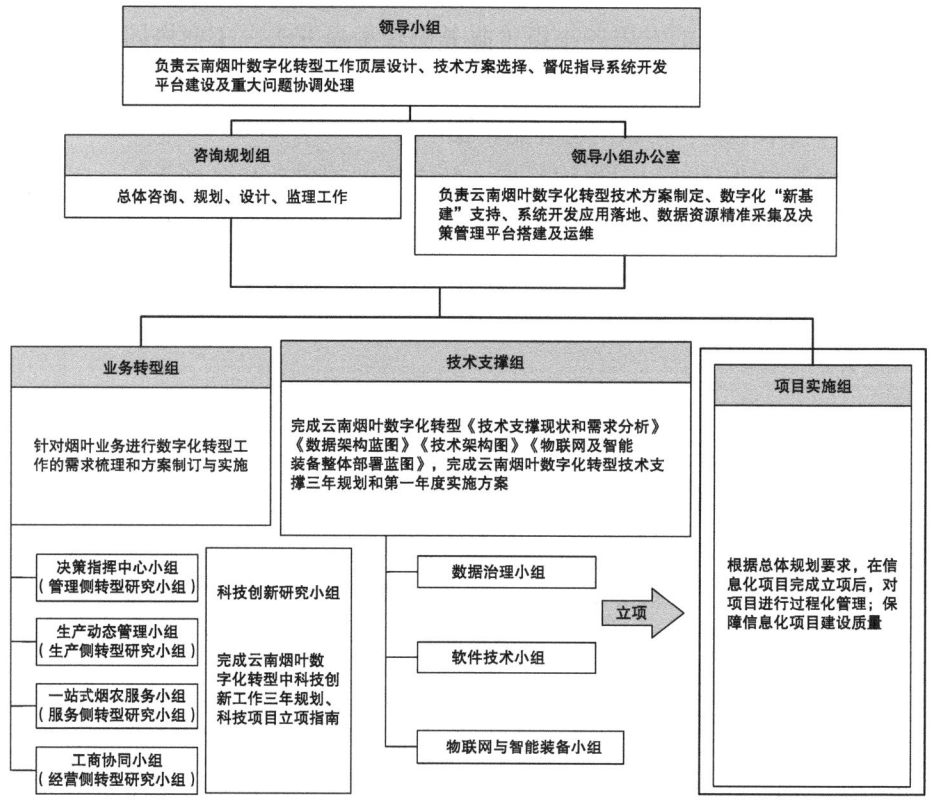

图4-1 云南烟叶数字化转型组织架构

该组织架构图将云南烟叶数字化转型人员组织按任务进行划分，从最高层领导小组出发，由咨询规划组设计规划，协同领导小组办公室，从业务、技术、实施3个层面全面打造云南烟叶"自然禀赋+数字内涵"发展新优势，高层引领、上下协同、积极稳妥推进烟叶数字化转型各项工作，为云南烟草商业高质量发展持续赋能。

4.3 烟叶数字化转型组织运行机制

数字化转型组织的运行机制首先要明确数字化转型组织内的职务划分和等级层次，每个职位职权职责的明确规定，是整个组织得以运转的基础[28]。

云南烟叶数字化转型组织运行首先明确工作内容和任务流转体系，由领导小组对云南烟叶数字化转型做出决策性工作。其他小组定位如下。

4.3.1 咨询规划组

负责整体规划设计工作的总体咨询、规划、设计、监理工作，负责制定整体工作主计划，明确工作目标，分解工作目标，把控工作过程；负责明确云南烟叶数字化转型知识产权清单，配合省局（公司）对烟叶数字化转型过程中产生的知识产权进行申报；负责跨组别讨论的发起与组织；负责各组材料的收集汇总与梳理整合。其任务目标是完成云南烟叶数字化转型三年规划方案和云南烟叶数字化转型第一年度实施方案。

4.3.2 业务转型组

（1）决策指挥中心小组（管理侧转型研究小组）

管理侧转型研究小组继续负责全省决策指挥系统的细化梳理与分析完善；负责从管理视角，讨论、调研、分析烟草业务应用中的管理变革需求，以及变革需要的管理规则支撑、组织架构支撑、技术创新支撑、信息化转型支撑；对工作中的知识产权点进行梳理，并对申报紧急程度提出建议；进一步负责制订管理转型的三年工作计划、第一年度实施方案及路径分析，明确工作目标，分解工作目标，把控工作过程。其任务目标是完成云南烟叶数字化转型中管理侧转型三年计划及第一年度实施方案。

（2）生产动态管理小组（生产侧转型研究小组）

生产侧转型研究小组继续负责全省生产动态管理系统的细化梳理与分

析完善；负责从业务流程视角，讨论、调研、分析烟叶生产、烟叶收购、烟叶调拨、烟叶质量、规范管理业务中的变革需求，以及变革需要的管理规则支撑、组织架构支撑、技术创新支撑、信息化转型支撑；对工作中的知识产权点进行梳理，并对申报紧急程度提出建议；进一步负责制订生产转型的三年工作计划、第一年度实施方案及路径分析，明确工作目标，分解工作目标，把控工作过程。其任务目标是完成云南烟叶数字化转型中生产侧转型三年计划及第一年度实施方案。

（3）一站式烟农服务小组（服务侧转型研究小组）

服务侧转型研究小组继续负责全省一站式烟农服务平台的细化梳理与分析完善；负责从烟农服务视角，讨论、调研、分析烟叶生产、烟叶收购、烟农增收、产业金融业务中的服务变革需求，以及变革需要的管理规则支撑、组织架构支撑、技术创新支撑、信息化转型支撑；对工作中的知识产权点进行梳理，并对申报紧急程度提出建议；进一步负责制订服务转型的三年工作计划、第一年度实施方案及路径分析，明确工作目标，分解工作目标，把控工作过程。其任务目标是完成云南烟叶数字化转型中服务侧转型三年计划及第一年度实施方案。

（4）工商协同小组（经营侧转型研究小组）

经营侧转型研究小组继续负责全省工商交接系统平台的细化梳理与分析完善；负责从烟叶经营视角，讨论、调研、分析烟叶质量、工商协同业务中的服务变革需求，以及变革需要的管理规则支撑、组织架构支撑、技术创新支撑、信息化转型支撑；对工作中的知识产权点进行梳理，并对申报紧急程度提出建议；进一步负责制订经营转型的三年工作计划、第一年度实施方案及路径分析，明确工作目标，分解工作目标，把控工作过程。其任务目标是完成云南烟叶数字化转型中经营侧转型三年计划及第一年度实施方案。

（5）科技创新研究小组

第一，持续完善烟叶数字化转型科技创新需求和现状。一是基于云南省烟叶生产数字化转型科技创新现状与需求调研报告，结合各地州的烟叶生产数字化科技创新的实际情况，结合各业务小组梳理的业务需求痛点，补充完善云南烟叶生产数字化转型科技创新领域/环节/场景，形成科技创新的切入点；二是对科技创新切入点进行验证分析，主要包含两部分工作：①用调研数据支撑所选领域/环节/场景数字化转型带来的变革程度；②调研技术成熟度，说明未来三年技术支撑所选领域/环节/场景数字化转型的可能性。

第二，提出烟叶数字化转型科技创新重点任务。按照不同维度提出烟叶数字化转型科技创新的重点任务，一是围绕产业高质量发展、产业竞争力提升、减工降本增效等总体目标，提出以烟叶的生态绿色发展、产业链融合促进、质量安全水平提高等主题为导向的重点任务。二是根据重点任务，从数字化标准、数据采集、模型构建、智能装备、平台构建等角度提出烟叶数字化转型科技创新工作重点内容，对重点任务进行充实完善。

第三，提出烟叶数字化转型科技创新政策建议。一是调研云南烟叶数字化转型科技创新相关政策制定和执行的基本情况，再结合各地州政策制定和执行情况，分析得出政策制定和推行的关键点和难点；二是根据烟叶数字化转型科技创新的重点任务，提出必要的、具备可落地性的科技创新政策，以保障数字化转型科技创新的顺利开展。

第四，制订2024—2025年烟叶数字化转型科技创新项目指南。一是根据烟叶数字化转型科技创新重点任务衍生出未来三年科技项目建设申报指南，针对每个重点研究方向，提出多个具体科技指南内容，主要包含研发目标、研发任务、绩效目标要求等；二是列出烟叶数字化转型科技创新项目指南科技指数对比表；三是完成对科技创新规划和三年项目指南的查漏补缺，征求各方意见，进一步完善。其任务目标是完成云南烟叶数字化转型中科技创新工作三年规划、科技项目立项指南。

4.3.3　技术支撑组

一是云南烟叶信息化总体技术架构建设现状、数字化技术支撑现状，以及需求分析。①数据架构现状及需求分析；②技术架构要求与发展需求分析；③物联网及智能装备需求分析。其任务目标是完成云南烟叶数字化转型《技术支撑现状和需求分析》。

二是技术支撑架构设计。①数据架构设计；②技术架构设计；③物联网及智能装备整体部署规划。其任务目标是完成云南烟叶数字化转型《数据架构蓝图》《技术架构图》《物联网及智能装备整体部署蓝图》。

三是技术支撑规划设计。①数据架构详细规划及第一年度实施方案；②技术架构详细设计；③物联网及智能装备详细规划及第一年度实施方案。其任务目标是完成云南烟叶数字化转型技术支撑三年规划和第一年度实施方案。

4.3.4 项目实施组

一是根据总体规划要求，在信息化项目完成立项后，对项目进行过程化管理。二是配合咨询规划组，完成项目之间的数据、技术协同管理。其任务目标是保障信息化项目建设质量。

4.4 本章小结

在烟叶数字化转型实施过程中，组织规划是推进的关键，涉及管理原则、架构调整、职责划分，以及各小组内部的职能定位和人员配备等，需要被重点关注和着力推进。但数字化转型组织规划会牵扯到岗位和人员变动，也是数字化转型实施过程中较为复杂的一项工作。此外，不同地方烟草企业的公司治理结构也会对数字化转型组织规划造成影响，这就需要烟草企业在数字化转型实施方案中，及时考虑组织规划问题，灵活应对烟叶数字化转型过程中的组织变化问题。

第5章 烟叶业务模式分析

烟叶业务模式分析是数字化转型的基础工作之一。通过分析烟叶业务模式探索数字化转型推进路径。本章着重阐述烟叶业务流程、参与主体及职能、烟叶业务流程标准化梳理、烟叶生产关键管理指标梳理及烟叶业务管理流程再造分析。

5.1 烟叶业务流程概述

云南烟叶数字化转型的重点之一是烟叶生产全程管理流程的数字化再造,由于各州(市)烟叶管理流程存在差异,同时个别环节依赖人为经验,随意性大。因此需要先推进流程标准化,为后续数字化再造奠定基础。

烟叶生产管理可分成产前、产中、产后3个阶段,生产、经营、管理、服务4个维度,由省局(公司)、州(市)级(公司)及直属单位、县级分公司、烟站(点)4个层级参与。共计包含20个业务管理环节,66个关键业务管理节点(图5-1)。

烟叶产前管理坏节主要包括计划分解、种植布局、合同签订、物资供应、种植保险5个业务管理环节,17个关键业务节点(图5-2)。

产中业务环节主要包括育苗供苗、大田移栽、田间管理、专业化服务、防灾减灾、采收烘烤、产量测评、生产投入8个业务管理环节,27个关键业务节点(图5-3)。

产后业务环节主要包括7个业务管理环节,19个关键业务节点(图5-4)。

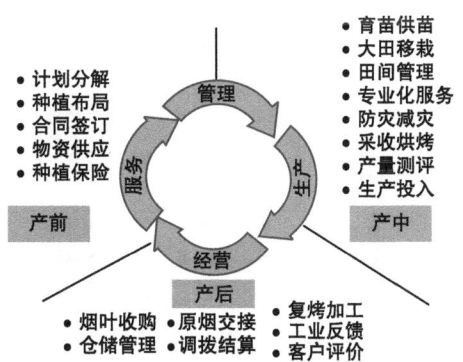

图5-1 云南烟叶总体业务管理标准环节

云南烟叶生产业务产前流程与指标						
	烟叶供应链流程	业务流程节点	关键业务指标：省局（公司）	州（市）级（公司）	县级分公司	烟站（点）
产前	计划分解	产能分析、市场需求分析、购销合同签订、逐级分解计划	产能分析：近3年计划任务完成情况、种烟意愿调查汇总（农户数、面积）； 市场需求分析：近3年工业提报需求情况、品种需求情况； 分解计划到各州（市）：调出计划核定量（万担）、国内调出（万担）、出口备货（万担）； 品种安排：种植面积（万亩）、收购量（万担）	产能分析：近三年计划任务完成情况、种烟意愿调查汇总（农户数、面积）；购销合同签订（客户、总量）； 分解计划到各公司：种植面积、种植品种、收购量	产能分析：近三年计划任务完成情况、种烟意愿调查汇总（农户数、面积）； 分解计划到各烟站：种植面积、种植品种、收购量	落实计划（到村委会）： 农户数量、种植面积、种植品种、收购量
产前	种植布局	烟区规划、设施配套、优化布局	烟区规划：核心烟区面积、占比；重点烟区面积、占比；普通烟区面积、占比； 设施配套：水源保障面积；机耕路配套面积；密集烘烤保障面积； 清洁能源烘烤数量、保障面积； 汇总年度种植布局：核心烟区面积、占比；重点烟区面积、占比；普通烟区面积、占比；轮作比例（%）			
产前	合同签订	地块绑定、种植申请、申请审核、合同签订	种植面积（万亩）、烟农户数、种植品种、收购量（万担）； 烟区规划种植面积及比例（核心、重点、普通）	1. 合同签订授权； 2. 种植面积（万亩）、烟农户数、种植品种/比例%、收购量（万担）； 3. 规划区域种植面积及比例（核心、重点、普通区）	1. 合同签订授权； 2. 种植面积（万亩）、烟农户数、种植品种/比例%、收购量（万担）； 3. 规划区域种植面积及比例（核心、重点、普通区）（烟区规划）	1. 申请审核：劳动力、配套烤房、土地面积（种植积极性、种植诚信度）； 2. 地块绑定：核心、重点、普通区面积及比例（烟区规划）； 3. 合同签订：农户数量、种植主体信息、签订面积、交售量、签订时间进度
产前	物资供应	计划、采购、供应	1. 种烟：下达供种计划（品种、数量）； 2. 烟用化肥：按计划统一采购、供应（化肥品类、数量）	1. 种烟：下达供种计划（品种、数量）；按计划供种：品种、数量； 2. 烟用化肥：上报需求计划（品类、规格、数量；制定化肥销售价格；组织化肥调运；物资款回收；化肥供应进度； 3. 统购物资：统一组织采购供应物资；品类、数量；制定物资销售价格	1. 种烟：下达供种计划（品种、数量）；按计划供种：品种、数量；实际用种：品种、数量； 2. 烟用化肥：上报需求计划（品类、规格、数量）；化肥供应进度； 3. 统购物资：上报物资需求计划；品类、数量	1. 种烟：下达供种计划（品种、数量）；按计划供种：品种、数量；实际用种：品种、数量； 2. 烟用化肥：上报需求计划（品类、规格、数量）；化肥供应进度； 3. 统购物资：验收入库（品类、数量）；销售供应：农户、品类、数量、金额
产前	种植保险	投保、定损、理赔	1. 承包保险公司：名称、承保范围； 2. 汇总理赔信息：面积、程度、户数、赔付金额、赔付时间	1. 承保保险公司：名称、承包范围； 2. 投保户数、保费金额； 3. 汇总理赔信息：面积、程度、户数、赔付金额、赔付时间	1. 投保户数、保费金额； 2. 汇总理赔信息：面积、程度、户数、赔付金额、赔付时间	1. 投保户数、保费金额； 2. 汇总理赔信息：面积、程度、户数、赔付金额、赔付时间

图5-2　云南烟叶产前业务管理标准流程与指标

<table>
<tr><th colspan="7">云南烟叶生产业务产中流程与指标</th></tr>
<tr><th rowspan="2" colspan="2">烟叶供应链流程</th><th rowspan="2">业务流程节点</th><th colspan="4">关键业务指标</th></tr>
<tr><th>省局（公司）</th><th>州（市）级（公司）</th><th>县级分公司</th><th>烟站（点）</th></tr>
<tr><td rowspan="8">产中</td><td>育苗供苗</td><td>制订计划、育苗准备、育苗管理、烟苗供应</td><td>1. 育苗点数量；
2. 育苗数量、进度；
3. 供苗数量、进度</td><td colspan="3">1. 育苗点数量、供苗区域、供苗面积；
2. 供苗品种、数量；
3. 育苗质量：成苗率、壮苗率；
4. 育苗品种、数量、进度</td></tr>
<tr><td>大田移栽</td><td>整地理墒、节令移栽、面积核实</td><td>移栽节令、进度、面积</td><td colspan="3">1. 整地理墒进度及质量；
2. 移栽节令、进度、移栽质量；
3. 移栽面积核实</td></tr>
<tr><td>田间管理</td><td>水肥调控、中耕培土、绿色防控、封顶打杈</td><td>1. 田间管理技术落实进度；
2. 大田生育期（团棵、旺长、现蕾、封顶面积）（万亩）</td><td colspan="3">1. 田间管理技术落实进度；
2. 大田生育期（团棵、旺长、现蕾、封顶面积）（万亩）
3. 专业化服务类型、数量；
4. 鲜烟叶农残快检项目、结果</td></tr>
<tr><td>专业化服务</td><td>计划、实施、验收</td><td>各类专业化服务；
各类专业化服务进度、数量</td><td colspan="3">各类专业化服务；
各类专业化服务进度、数量、价格</td></tr>
<tr><td>防灾减灾</td><td>预案制订、灾害预警、启动预警</td><td colspan="4">1. 灾害预警信息：可能发生灾害的时间、类型、程度、范围；
2. 灾害统计汇总：类型、时间、程度、范围、面积、户数</td></tr>
<tr><td>采收烘烤</td><td>成熟采收、科学烘烤、下秆初分</td><td>1. 采烤进度：采收部位、采收面积、占比、烘烤出炉数量；
2. 烘烤损失率；
3. 清洁能源类型、数量</td><td colspan="3">1. 采烤进度：采收部位、采收面积、占比、烘烤出炉数量；
2. 烘烤损失率；
3. 清洁能源类型、数量；
4. 烤后烟叶农残快检项目、结果</td></tr>
<tr><td>产量测评</td><td>大田估产、烤后测产、总量分析</td><td colspan="3">汇总：预计产量</td><td>1. 大田产量：整体长势（一、二、三、四类烟面积）；
2. 灾害损失：类型、面积、程度、损失量；
3. 烘烤损失：单叶重 、损失率、损失量；
4. 预计产量</td></tr>
<tr><td>生产投入</td><td>计划、实施、验收、兑现</td><td colspan="4">1. 补贴项目、补贴标准、补贴对象；
2. 年度预算；
3. 汇总补贴信息：项目、实施数量、户数、金额</td></tr>
</table>

图5-3 云南烟叶产中业务管理标准流程与指标

云南烟叶生产业务产后流程与指标

	烟叶供应链流程	业务流程节点	关键业务指标：省局（公司）	州（市）级（公司）	县级分公司	烟站（点）
产后	烟叶收购	预约交售、定级过磅、承包入库	1. 收购时间； 2. 收购进度分析：等级、数量、上等烟比例、均价	1. 收购时间； 2. 收购进度分析：等级、数量、上等烟比例、均价； 3. 收购质量检查数量和等级确定：州（市）上、中等烟收购比例（%），各县上、中等烟收购比例（%）、当前收购量（担）、各等级收购量（担）； 4. 收购质量检查指标：综合合格率（%），上、中、下等烟合格率（%），综合纯度（%），上、中等烟纯度（%），总检查（批），上、中、下等烟检查（批）	1. 收购时间； 2. 收购进度分析：等级、数量、上等烟比例、均价	1. 收纳时间； 2. 预约交售：时间、农户、数量； 3. 收购进度：等级、数量、上等烟比例，均价； 4. 入库等级、数量； 5. 库存盘点：散烟等级数量、成包（筐）等级数量
	仓储管理	流转计划、移库调拨、在库管理		1. 州（市）公司（香料烟公司）：①入库烟叶：品种、等级、数量（各县分公司入库烟叶）；②库存烟叶：品种、等级、数量（各县分公司库存烟叶）；③调出烟叶：品种、等级、数量、流向； 2. 省盐业公司：入库烟叶（品种等级、数量、产地）； 3. 省进出口公司：各州市（公司）、县级分公司、烟站库存原烟品种、等级、数量（实时）； 4. 省复烤公司：入库烟叶（等级、数量、产地）	1. 成包入库：品种、等级、数量； 2. 库存烟叶：品种、等级、数量； 3. 移库烟叶：品种、等级、数量、流向	
	原烟交接	工商交接、交接质检、调拨出库	交接数量（万担）、交接结构（上、中、下等烟比例）（%）	1. 州（市）公司（省烟叶公司、香料烟公司）：分客户：交接品种、等级、数量（担）、交接结构（上、中、下等烟比例）（%）； 2. 省进出口公司：各州市公司调出烟叶品种、等级、数量； 3. 省复烤公司：复烤厂厂际间移库（调出、调入）烟叶的产量、客户、等级、数量； 4. 省质检站：①确定抽检数量和等级：复烤企业提供各产区、以县计各等级烟叶入库量（担）；②工商交接检查：综合合格率（%），上、中、下等烟合格率（%），总检查（批），上、中、下等烟检查（批）		
	复烤加工	加工调度、配方加工、产品入库	加工数量（万担）、产品得率（%）、出片率（%）	1. 州（市）公司（香料烟公司）：分客户：加工品种、等级、数量（万担）、成品等级、数量（千克）、出片率（%）； 2. 省烟叶公司、省进出口公司、省复烤公司：①烟叶分选：投料等级、数量，选后烟叶等级数量；②打叶加工：投料等级、数量、加工进度，成品烟等级、数量，副产品品类、数量； 3. 成品烟入库：客户、等级、数量； 4. 废弃烟草专卖品类型、数量		
	调拨结算	产品出库、到货确认、货款结算	结算数量（万担）、结算金额（万元）	1. 州（市）公司（香料烟公司）：①原烟调出客户到货确认等级、数量，②成品烟调出客户到货确认等级、数量，③分客户原烟结算品种、等级、数量、结算金额（万元），④分客户成品烟结算品种、等级、数量、结算金额（万元）； 2. 省烟叶公司：成品片烟和副产品库存，成品片烟调出客户到货确认等级、数量，开票数量及金额； 3. 省进出口公司：成品片烟和副产品库存，成品片烟调出客户到货确认等级、数量，开票数量及金额； 4. 省复烤公司：成品片烟和副产品库存，成品片烟调出客户签字确认等级、数量		
	工业反馈	原料需求、原料使用、烟叶质量、烟叶库存	原料需求：区域、品种、数量、等级； 原料使用：分品牌单箱原料使用量、卷烟配方比例；烟叶质量：外观、内在、感官、复烤质量；烟叶库存：数量、保障月份；品牌发展：自生产、合作生产、工业企业卷烟、烟叶计划安排			
	客户评价	满意度调查、意见反馈	工业对州市公司评价：计划满足、品种落实、等级结构、调拨质量、项目合作、服务质量；工业对复烤加工（复烤公司、烟叶公司）评价：计划满足、复烤加工、服务质量；商业公司对工业评价：计划变动（近3年）、合同执行、等级结构需求、项目合作、工业协同、财务结算、品牌发展、创新使用			

图5-4　云南烟叶产后业务管理标准流程与指标

其中原烟交接环节包含省收购检查、工商交接流程。针对烟叶收购、省收购检查、仓储管理、原烟交接、工商交接、复烤加工、调拨结算环节做详细概述。

5.2 参与主体及职能分析

烟草公司、工业企业、种植者、烟农合作社及第三方供应商等，是云南烟叶产业链的主要参与主体，也是云南烟叶数字化转型的主要参与者和直接受益者。

（1）烟草公司

烟草公司是组织和落实烟叶生产经营的核心角色，主要包括省局（公司）及下属州（市）级（公司）、云南省烟草烟叶公司、中国烟草云南进出口有限公司、云南烟叶复烤有限责任公司、云南省烟草质量监督检测站、云南省烟草农业科学研究院（以下简称省烟科院）、玉溪中烟种子有限责任公司等。

（2）工业企业

工业企业是原料烟叶的需求方，在烟叶数字化转型中，其主要职能包括参与制定基地单元生产技术方案、供应规模及复烤加工工艺，并且全程参与、深度介入烟叶生产种植、收购调拨、复烤加工全过程，跟踪开展业务过程督导、检查与评价，驱动生产种植、复烤加工定制化、标准化。

（3）种植者

烟叶生产种植的执行者，包括烟农（个人）、种烟土地承包方（单位）等，其种植的技术能力和群体稳定性直接影响烟叶供应体系的稳定。

（4）烟农合作社及第三方供应商

烟叶生产经营的服务方，为烟草公司与种植者提供烟叶生产经营所需的专业化服务、农用物资供应服务、用工服务等，是烟草公司与烟叶种植者直接的关系纽带，其服务质量对烟叶质量影响较大。

5.3 烟叶业务流程标准化梳理

5.3.1 计划分解标准流程

计划分解主要业务节点包括产能分析、市场需求分析、购销合同签订、逐级分解计划,其中主要涉及的用户角色有国家局、省局(公司)、州(市)级(公司)、县级分公司、烟站(点),具体管理流程如图5-5所示。

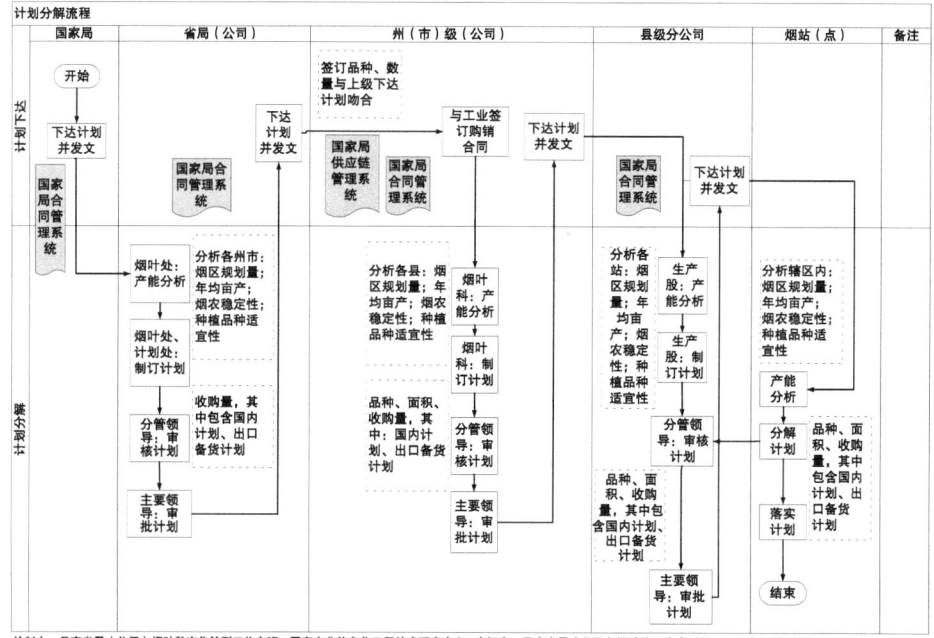

图5-5 计划分解标准化管理流程

流程描述:

①计划下达(国家局):下达计划并发文。

②计划分解[省局(公司)]:烟叶处对各州(市)产能进行分析(烟区规划量、年均亩产、烟农稳定性、种植品种适宜性)→省局(公司)烟叶处、计划处制订计划[分析各州(市)收购量,其中包含国内计划、出口备货计划]→分管领导对制订的计划进行审核→主要领导对制订的计划进行审批。

③计划下达[省局(公司)]:主要领导审批完成后下达计划并发文。

④计划下达[州(市)级(公司)]:州(市)级(公司)与工业签

订购销合同。

⑤计划分解［州（市）级（公司）］：烟叶科对各县产能进行分析（烟区规划量、年均亩产、烟农稳定性、种植品种适宜性）→烟叶科制订计划（品种、面积、收购量，其中包含国内计划、出口备货计划）→分管领导对制订的计划进行审核→主要领导对制订的计划进行审批。

⑥计划下达［州（市）级（公司）］：主要领导审批完成后下达计划并发文。

⑦计划分解（县级分公司）：生产股对各站产能进行分析（烟区规划量、年均亩产、烟农稳定性、种植品种适宜性）→生产股制订计划（品种、面积、收购量，其中包含国内计划、出口备货计划）→分管领导审核计划→主要领导审批计划。

⑧计划下达（县级分公司）：主要领导审批完成后下达计划并发文。

⑨计划分解［烟站（点）］：烟站（点）对辖区内产能进行分析→烟站（点）分解计划（品种、面积、收购量，其中包含国内计划、出口备货计划）→烟站（点）落实计划。

5.3.2 种植布局标准化流程

种植布局主要业务节点包括烟区规划、设施配套、优化布局，其中主要涉及的用户角色有省局（公司）、州（市）级（公司）、县级分公司、烟站（点），具体管理流程如图5-6所示。

流程描述：

①烟区规划［省局（公司）］：烟叶处收集工业需求→省烟科院根据需求制订基本烟田规划技术标准→烟叶处下达基本烟田规划技术标准及总体方案。

②烟区规划［州（市）级（公司）］：烟叶科制订烟区规划工作实施方案［规划区生态适宜性、工业需求情况、品种适应性、种植积极性、规划烟区总面积（万亩）］。

③烟区规划（县级分公司）：生产股制定烟区规划操作细则［规划区生态适宜性、品种适应性、种植积极性、连片规模、规划烟区总面积（万亩）］。

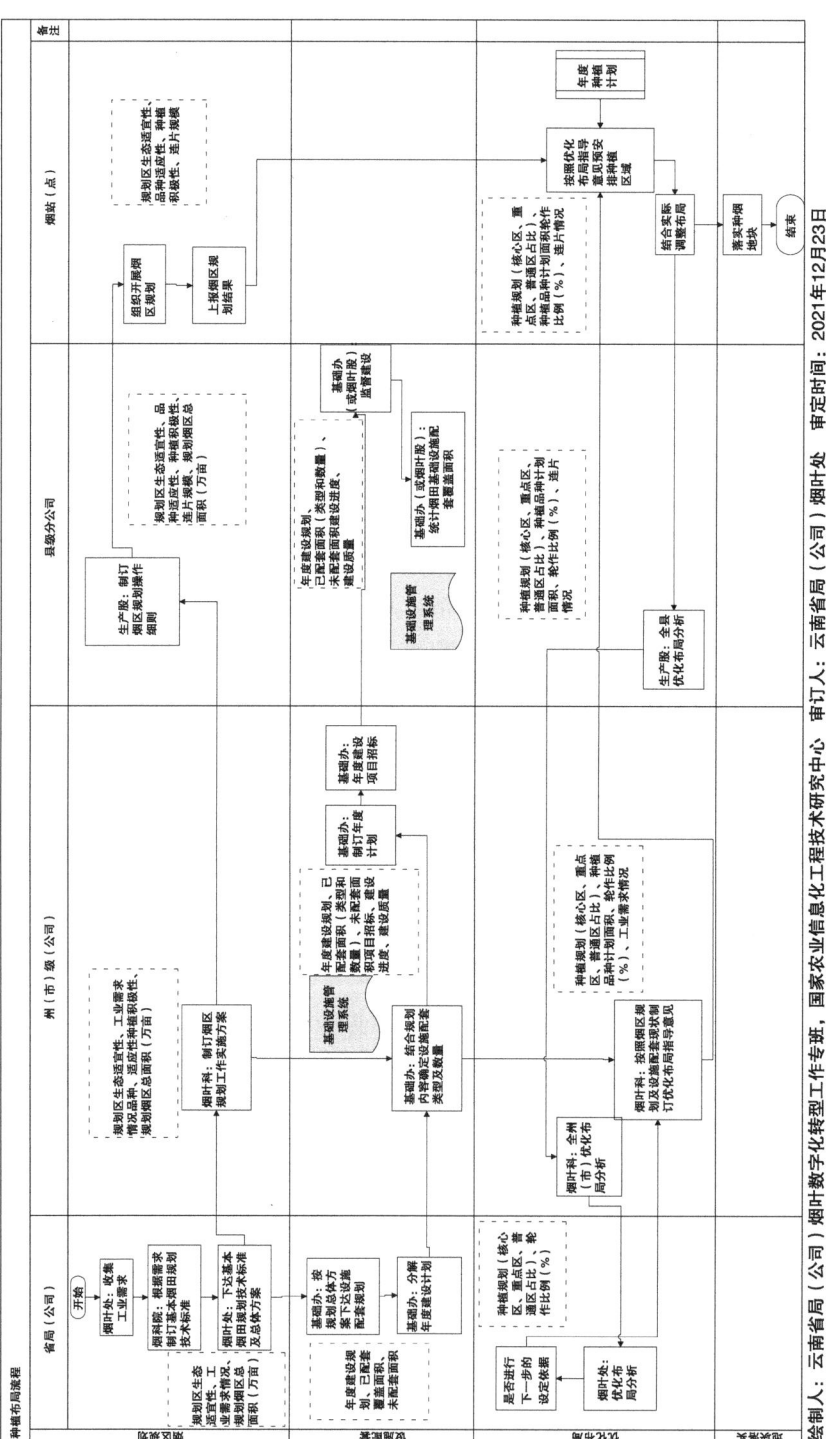

图5-6 种植布局标准化管理流程

④烟区规划［烟站（点）］：组织开展烟区规划→上报烟区规划结果（规划区生态适宜性、品种适应性、种植积极性、连片规模）。

⑤优化布局［烟站（点）］：年度种植计划→按照优化布局指导意见预安排种植区域→结合实际调整布局。

⑥地块落实［烟站（点）］：落实种烟地块。

⑦优化布局（县级分公司）：接着⑤，生产股全县优化布局分析［种植规划（核心区、重点区、普通区占比）、种植品种计划面积、轮作比例（%）、连片情况］。

⑧优化布局［州（市）级（公司）］：烟叶科全州（市）优化布局分析［种植规划（核心区、重点区、普通区占比）、种植品种计划面积、轮作比例（%）、工业需求情况］。

⑨优化布局［省局（公司）］：烟叶处优化布局分析［种植规划（核心区、重点区、普通区占比）、轮作比例（%）］→是否进行下一步的设定依据（结束后数据循环再利用，作为后续数据依据）。

⑩设施配套［省局（公司）］：接着①，基础办按规划总体方案下达设施配套规划→基础办分解年度建设计划（年度建设规划、已配套覆盖面积、未配套面积）。

⑪设施配套［州（市）级（公司）］：基础办结合规划内容确定设施配套类型及数量→基础办制订年度建设计划→基础办年度建设项目招标［年度建设规划、已配套面积（类型和数量）、未配套面积、项目招标、建设进度、建设质量］。

⑫设施配套（县级分公司）：基础办（或烟叶股）监督建设→基础办（或烟叶股）统计烟田基础设施配套覆盖面积［年度建设规划、已配套面积（类型和数量）、未配套面积、建设进度、建设质量］。

⑬优化布局［州（市）级（公司）］：烟叶科按照烟区规划及设施配套现状制订优化布局指导意见［该流程直接到烟站（点）按照优化布局指导意见预安排种植区域］。

⑭设施配套［州（市）级（公司）］：②直接到⑪流程方向，一是往⑫，二是往⑬。

5.3.3 合同签订标准化流程

合同网签主要业务节点包括地块绑定、种植申请、申请审核、合同签订,其中主要涉及的用户角色有省局(公司)、州(市)级(公司)、县级分公司、烟站(点)、烟农,具体管理流程如图5-7所示。

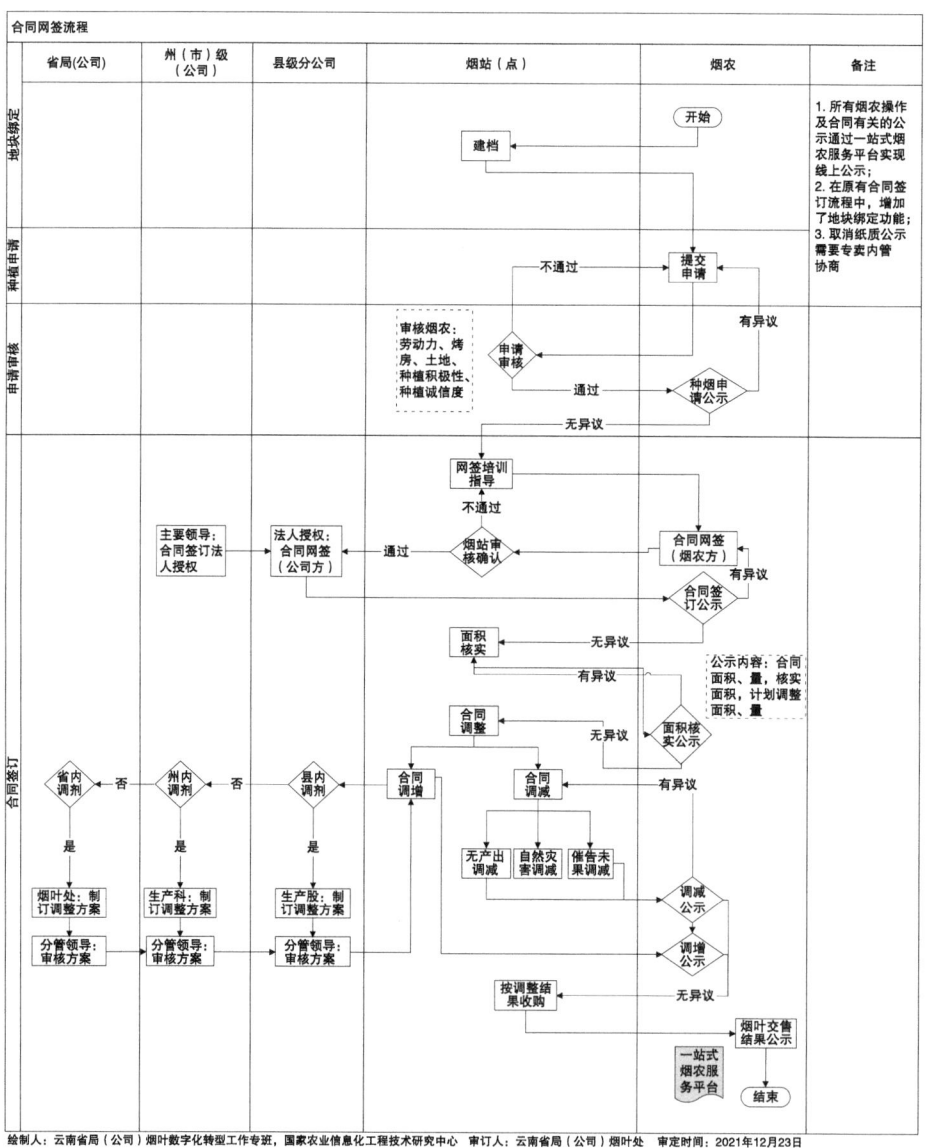

图5-7 合同网签标准化管理流程

流程描述：

①建档：烟站（点）建档→烟农信息录入。

②种植申请：地块绑定后提交种烟申请。

③申请审核：烟站（点）对种烟申请进行审核（审核烟农信息：劳动力、烤房、土地、种植积极性、种植诚信度）→审核不通过返回上一级，通过后进行公示。

④合同签订：烟站（点）进行网签培训指导→烟农方进行合同网签→烟站（点）审核确认（不通过将返回到网签培训指导）→县级分公司法人授权合同网签（主要领导法人授权合同签订）→合同签订公示给烟农（烟农确认有异议返回合同签订）→无异议烟站（点）进行面积核实→面积核实公示给烟农（公示内容：合同面积、量，核实面积，计划调整面积、量），烟农确认面积核实结果（有异议将重新进行面积核实）→无异议后续进入合同调整。

⑤合同签订（合同调整）：合同调减→无产出调减、自然灾害调减、催告未果调减→合同调减公示给烟农（有异议重新进行合同调减）→烟站（点）按调整结果收购烟叶→烟叶交售结果公示给烟农。

⑥合同签订（合同调整）：合同调增→县级分公司是否县内调剂（州（市）级（公司）州内是否调剂，州（市）级（公司）不确认将到省内调剂）→生产股制订调整方案→分管领导审核方案→合同调整→合同调整公示（有异议重新进行合同调整）→烟站（点）按调整结果收购烟叶→烟叶交售结果公示给烟农。

5.3.4 物资供应标准化流程

物资供应主要业务节点包括计划、采购、供应，其中主要涉及的用户角色有省局（公司）、种子公司、州（市）级（公司）、县级分公司、烟站（点）、合作社/育苗业主、烟农，具体管理流程如图5-8所示。

流程描述：

①烟种：州（市）级（公司）生产科、技术中心制订烟种需求计划→州（市）级（公司）分管领导对制订的需求计划进行审批→州（市）级（公司）生产科、技术中心上报烟种需求计划（品种、数量）→省局（公司）烟叶处制订供种计划→省局（公司）分管领导审批供种计划→烟叶处

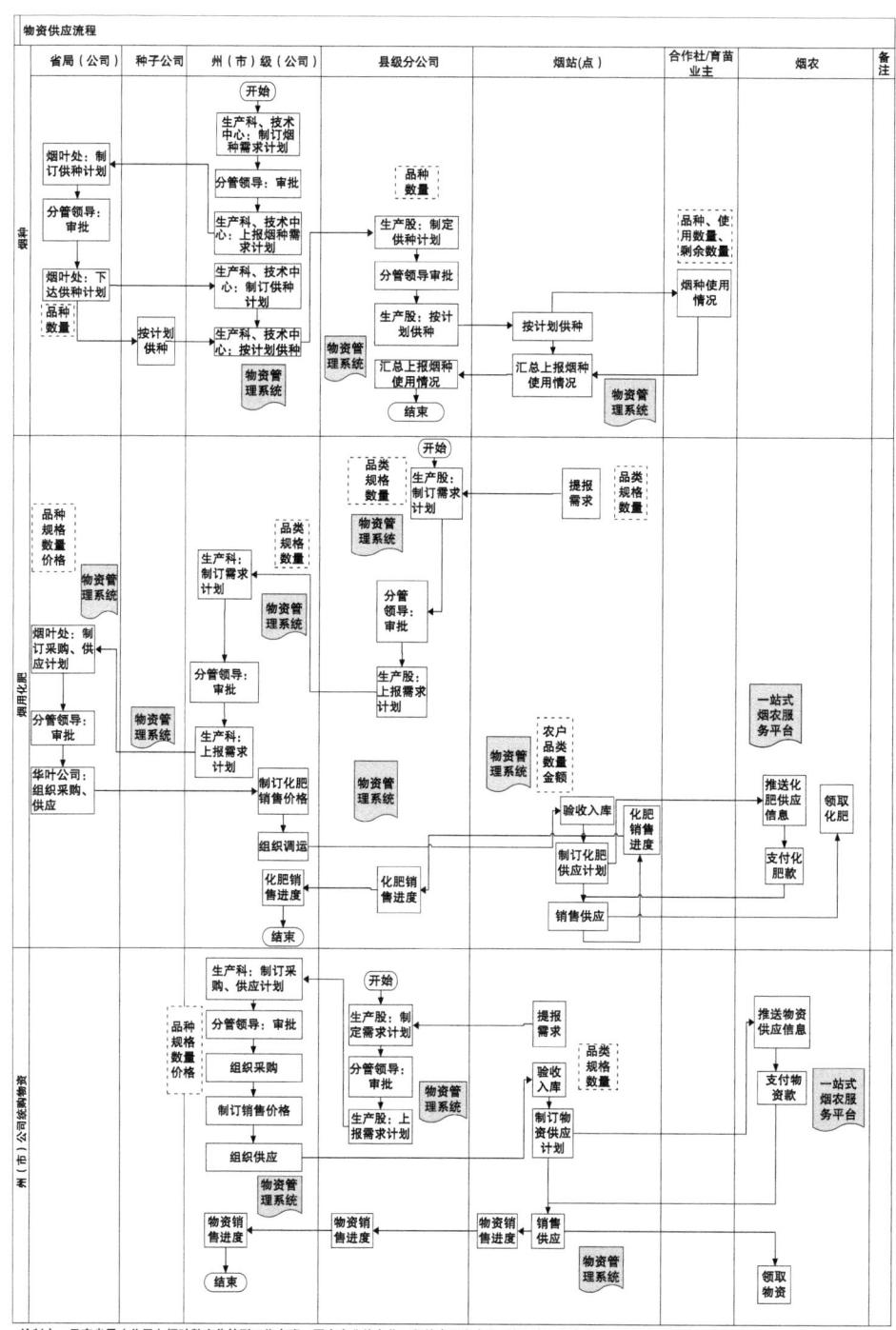

图5-8 物资供应标准化管理流程

下达供种计划（品种、数量）→种子公司按计划供种→州（市）级（公司）生产科、技术中心：按计划供种［州（市）级（公司）生产科、技术中心：制订供种计划→按计划供种］→县级分公司生产股制订供种计划→分管领导审批→生产股：按计划供种→烟站（点）按计划供种（→汇总上报烟种使用情况→县级分公司汇总上报烟种使用情况）→合作社/育苗业主烟种使用情况（品种、使用数量、剩余数量）→烟站（点）汇总上报烟种使用情况→县级分公司汇总上报烟种使用情况。

②烟用化肥：烟站（点）提报需求（品类、规格、数量）→县级分公司生产股制订需求计划→县级分公司分管领导审批→县级分公司生产股上报需求计划→州（市）级（公司）生产科制订需求计划→分管领导审批→生产科上报需求计划→省局（公司）烟叶处制订采购、供应计划→分管领导审批→华叶公司组织采购、供应→州（市）级（公司）制订化肥销售价格→州（市）级（公司）组织调运化肥→烟站（点）验收入库→烟站（点）制订化肥供应计划→向烟农推送化肥供应信息→烟农支付化肥款→烟站（点）销售供应→烟农领取化肥→烟站（点）查看化肥销售进度→县级分公司查看化肥销售进度→州（市）级（公司）查看化肥销售进度。

③州（市）级（公司）统购物资：烟站（点）提报需求→县级分公司生产股制订需求计划→分管领导审批→生产股上报需求计划→州（市）级（公司）生产科制订采购、供应计划→州（市）级（公司）分管领导审批→州（市）级（公司）组织采购→州（市）级（公司）制订销售价格→州（市）级（公司）组织供应→烟站（点）验收入库（品类、规格、数量）→制订物资供应计划（→推送物资供应信息给烟农→烟农支付物资款）→烟站（点）销售供应（→烟农领取物资）→烟站（点）统计查看物资销售进度→州（市）级（公司）统计查看物资销售进度。

5.3.5 种植保险标准化流程

种植保险主要业务节点包括投保、定损、理赔，其中主要涉及的用户角色有省局（公司）、州（市）级（公司）、县级分公司、烟站（点）、保险公司、烟农，具体管理流程如图5-9所示。

流程描述：

①投保承保：省局（公司）统一招标，确定服务商→州（市）级（公司）签订保险合同→烟站（点）组织投保→烟农缴纳保费→烟站（点）上报投保进度（面积、户数、金额）→县级分公司上报、督促投保进度→州（市）级（公司）汇总投保信息→州（市）级（公司）支付保费→保险公司开具保单。

②定损理赔：烟农报灾→烟站（点）报灾→保险公司查勘灾情→［县级分公司、烟站（点）协助定损→］定损理赔（→保险理赔给烟农）→保险公司推送定损理赔情况→烟站（点）上报定损理赔情况→县级分公司上报定损理赔情况→州（市）级（公司）上报定损理赔情况→省局（公司）汇总定损理赔情况。

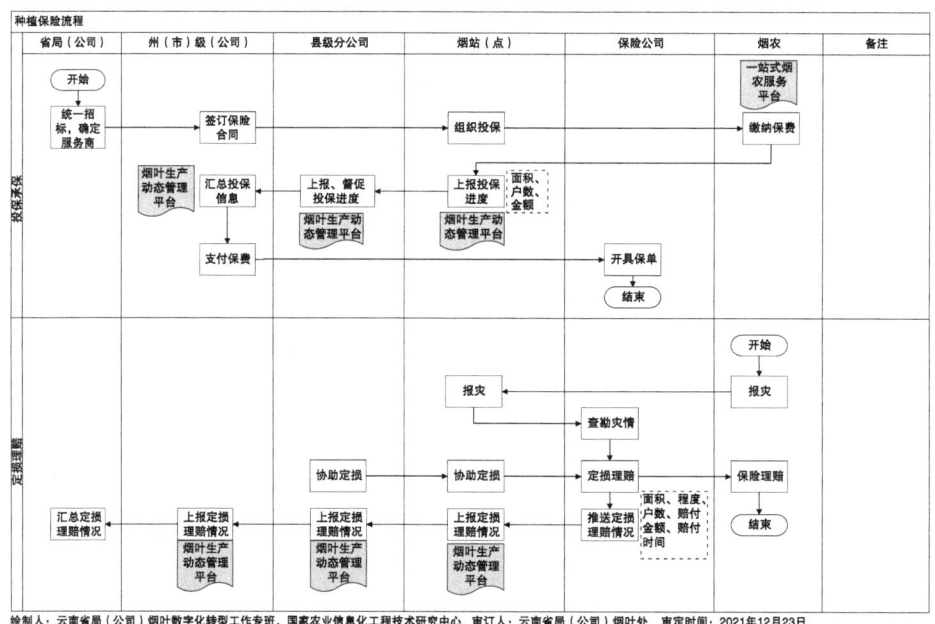

图5-9 种植保险标准化管理流程

5.3.6 育苗供苗标准化流程

育苗供苗主要业务节点包括制订计划、育苗准备、育苗管理、烟苗供应，主要涉及的用户角色有省局（公司）、州（市）级（公司）（含香料烟叶和进出口）、县级分公司、烟站（点）、合作社、烟农，具体管理流程如图5-10所示。

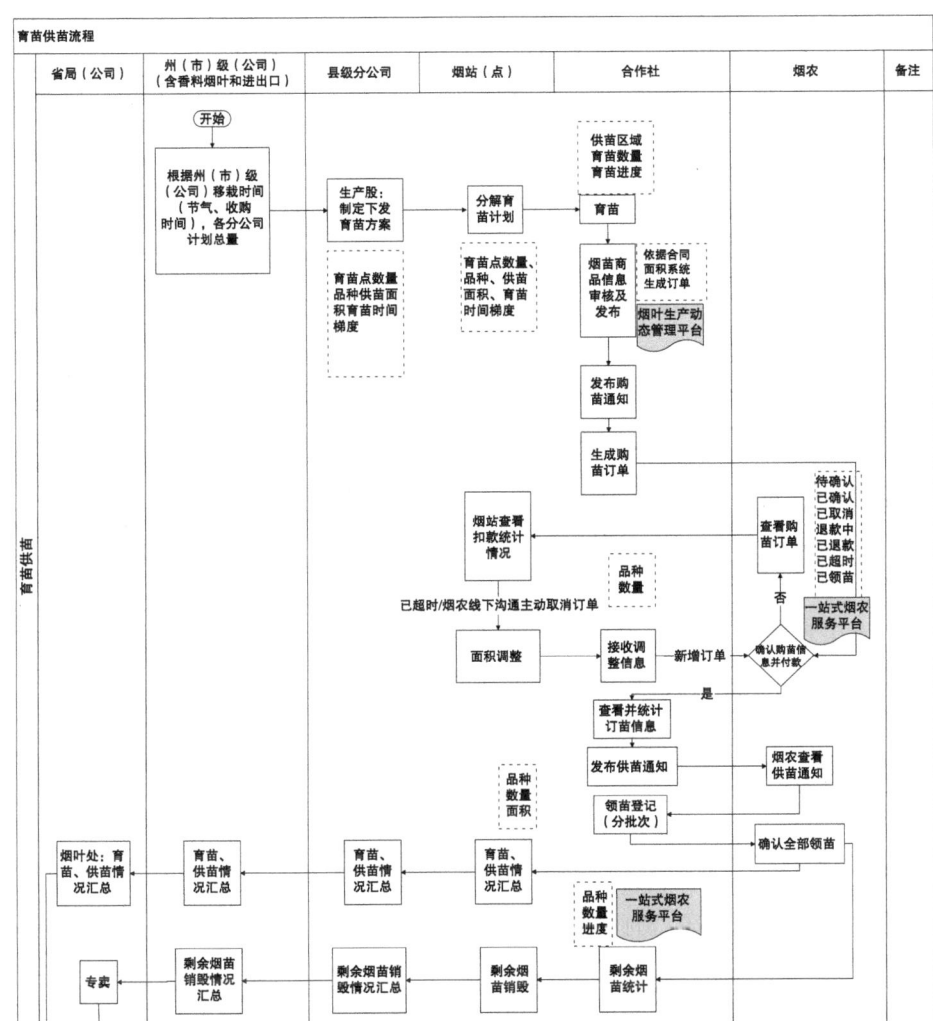

图5-10 育苗供苗标准化管理流程

流程描述：

①育苗供苗：州（市）级（公司）（含香料烟和进出口）根据移栽时间（节气、收购时间），各县级分公司计划总量→县级分公司生产股制订下发育苗方案（育苗点数量、品种、供苗面积、育苗时间梯度）→烟站（点）分

解育苗计划（育苗点数量、品种、供苗面积、育苗时间梯度）→合作社育苗（供苗区域、育苗数量、育苗进度）→合作社烟苗商品信息审核及发布（依据合同面积系统生成订单）→合作社发布购苗通知→合作社生成购苗订单→烟农确定购苗信息并付款［否，烟农查看购买订单→烟站（点）查看扣款统计情况→已超时/烟农线下沟通主动取消订单，面积调整→合作社接收调整信息→新增订单确认购苗信息并付款］→合作社查看并统计订苗信息→合作社发布供苗通知→烟农查看供苗通知→合作社领苗登记（分批次）→烟农确认全部领苗→烟站（点）育苗、供苗情况汇总→县级分公司育苗、供苗情况汇总→州（市）级（公司）育苗、供苗情况汇总→省局（公司）。

②剩余烟苗销毁：烟农确定全部领苗→合作社统计剩余烟苗（品种、等级、数量）→烟站（点）对剩余烟苗销毁→县级分公司对剩余烟苗销毁情况汇总→州（市）级（公司）剩余烟苗销毁情况汇总→专卖。

5.3.7　大田移栽标准化流程

大田移栽主要业务节点包括整地理墒、节令移栽、面积核实，其中主要涉及的用户角色有省局（公司）、州（市）级（公司）、县级分公司、烟站（点）、合作社、烟农，具体管理流程如图5-11所示。

流程描述：

①整地理墒：州（市）级（公司）明确预整地工作要求→县级分公司生产股制订预整地工作计划→烟站（点）组织执行计划→合作社上架预整地服务（深耕、起垄、打塘）→合作社运营商审核→烟农查看上架服务并下单支付→合作社组织线下服务→整地理墒（大型机耕、小型机耕）→烟农确认是否有问题（有问题合作社安排返工）→烟农对服务进行评价（烟农预整地）。

②节令移栽：合作社组织指导移栽→烟农专业化移栽、烟农移栽（常规移栽、膜下移栽；人工移栽和机器移栽）→烟站（点）查看移栽进度→县级分公司查看移栽进度→州公司查看各县移栽进度→省局（公司）烟叶处移栽进度汇总。

③面积核实：省局（公司）烟叶处移栽进度汇总→专卖抽查复验。

④面积核实：合作社组织指导移栽→合作社面积核实（清塘点株）→

烟站（点）面积核实→县级分公司抽查复验→州（市）级（公司）抽查复验→省局（公司）专卖抽查复验。

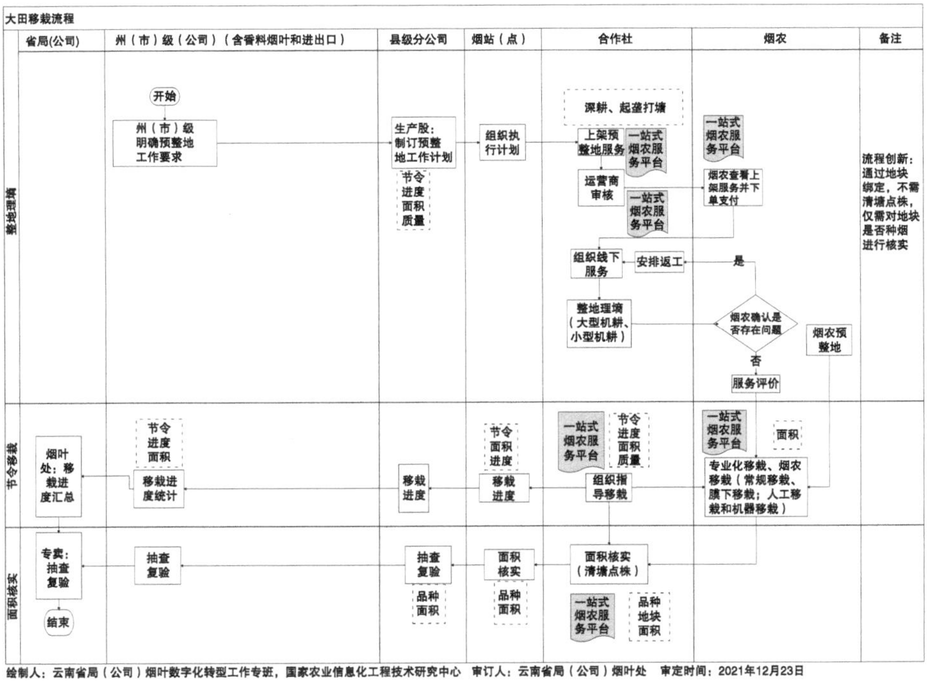

绘制人：云南省局（公司）烟叶数字化转型工作专班，国家农业信息化工程技术研究中心　审订人：云南省局（公司）烟叶处　审定时间：2021年12月23日

图5-11　大田移栽标准化管理流程

5.3.8　田间管理标准化流程

田间管理主要业务节点包括水肥调控、中耕培土、绿色防控、封顶打权，其中主要涉及的用户角色有省局（公司）、州（市）级（公司）、县级分公司、烟站（点）、合作社、烟农，具体管理流程如图5-12所示。

流程描述：

①田间管理：州（市）级（公司）制订田间管理技术标准→县级分公司制订田间管理技术方案→烟站（点）细化田间管理技术措施（中耕培土、水肥调控、绿色防控、封顶打权）→合作社组织指导田间管理措施落实（→合作社组织田间管理，开展专业化服务→合作社田间管理措施落实情况，专业化服务情况）→烟农落实田间管理措施→合作社田间管理措施落实情况，专业化服务情况→烟站田间管理情况及专业化服务情况统计

〔中耕培土、水肥调控、绿色防控、封顶打杈面积、进度，生育期类型，农残检测项目、结果（采烤15天之前）〕→县级分公司统计田间管理情况及专业化服务情况→州（市）级（公司）统计田间管理情况及专业化服务情况→省局（公司）田间管理情况及专业化服务情况数据汇总。

②补贴验收：烟站田间管理情况及专业化服务情况统计（如有补贴）→烟站补贴验收（验收不通过→合作社组织田间管理，开展专业化服务）→验收通过，县级分公司补贴复验（复验不通过→合作社组织田间管理，开展专业化服务）→复验通过，验收结果输出→验收结果公示给烟农（烟农有异议→合作社组织田间管理，开展专业化服务）。

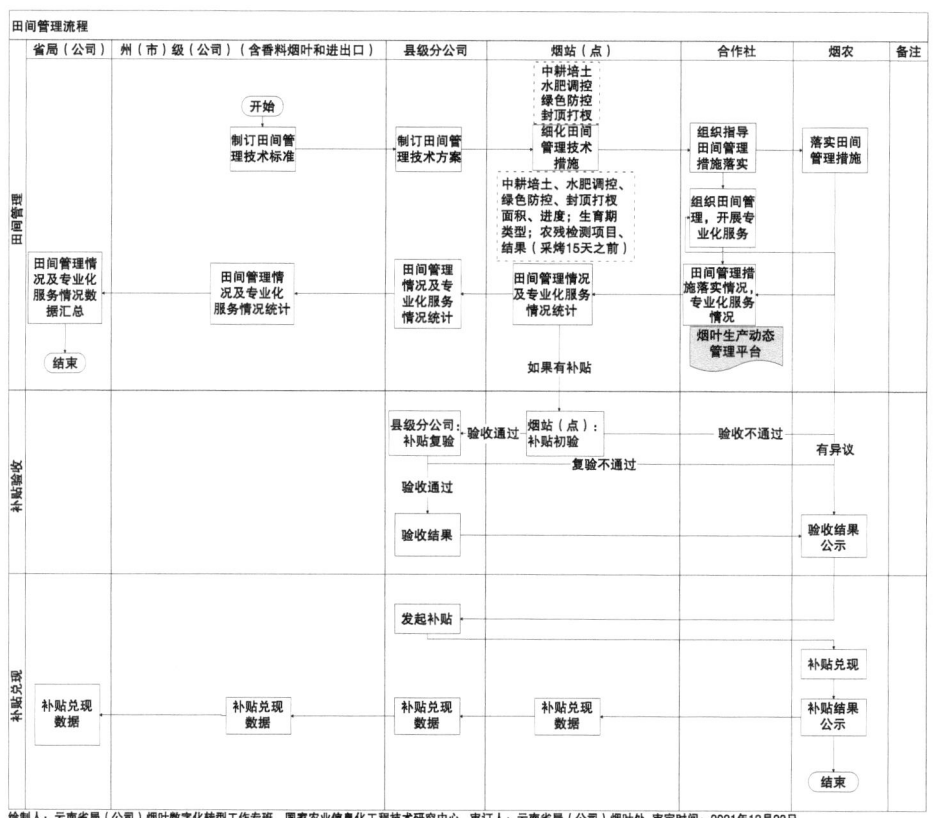

图5-12 田间管理标准化管理流程

③补贴兑现：验收结果公示给烟农无异议→县级分公司发起补贴→补贴兑现给烟农→补贴兑现结果公示→烟站（点）补贴兑现数据汇总上报→

县级分公司对各烟站补贴兑现数据汇总上报→州（市）级（公司）对各县补贴兑现数据汇总上报→省局（公司）对各州（市）级（公司）补贴兑现数据进行汇总。

5.3.9 专业化服务标准化流程

专业化服务主要业务节点包括计划、实施、验收，其中主要涉及的用户角色有州（市）级（公司）、县级分公司、烟站（点）、合作社/育苗业主、烟农，具体管理流程如图5-13所示。

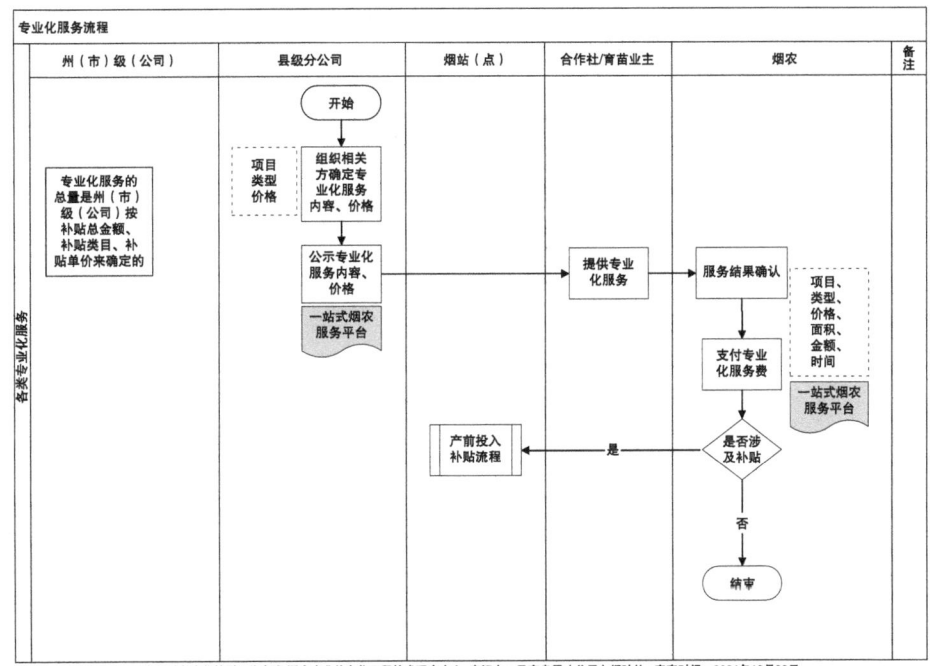

图5-13 专业化服务标准化管理流程

流程描述：

①州（市）级（公司）：专业化服务的总量是州公司按补贴总金额、补贴类目、补贴单价来确定的。

②县级分公司组织相关方确定专业化服务内容（项目、类型、价格）→县级分公司公示专业化服务内容、价格→合作社/育苗业主提供专业化服务→烟农对服务结果进行确认→烟农支付专业化服务费（项目、类型、价

格、面积、金额、时间）→是否涉及补贴（没有补贴将结束流程）→有补贴，烟站进行产前投入补贴流程。

5.3.10 防灾减灾标准化流程

防灾减灾主要业务节点包括预案制订、灾害预警、启动预案，其中主要涉及的用户角色有省局（公司）、州（市）级（公司）、县级分公司、烟站（点）、气象局，具体管理流程及详细说明如图5-14所示。

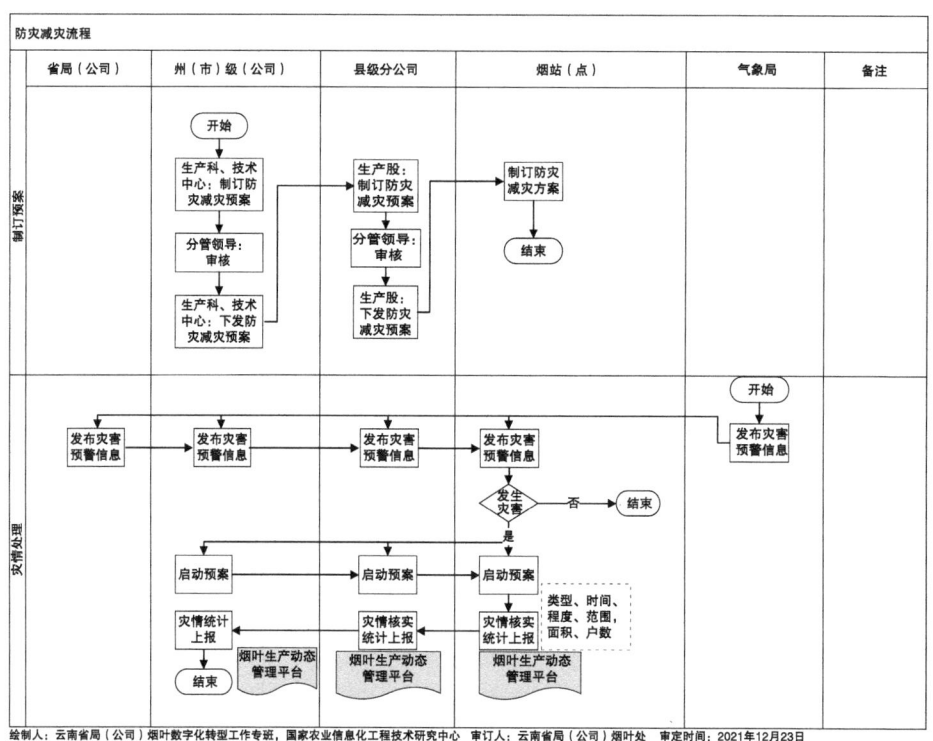

图5-14 防灾减灾标准化管理流程

流程描述：

①预案制订：州（市）级（公司）生产科、技术中心制订防灾减灾预警→制订完成后提交至分管领导进行审核→审核通过后生产科、技术中心下发防灾减灾预案至县级分公司→县级分公司生产股制订防灾减灾预警→制订完成后提交分管领导审核→审核通过后生产股下发防灾减灾预案至各烟站（点）→烟站（点）制订防灾减灾方案。

②灾情处理：气象局发布灾害预警信息→省局（公司）发布灾害预警信息→州（市）级（公司）发布灾害预警信息→县级分公司发布灾害预警信息→烟站（点）发布灾害预警信息→烟站确定是否发生灾害（未发生灾害将解除预案）→发生灾害州（市）级（公司）、县级分公司、烟站（点）将启动预案→烟站（点）对灾情核实统计上报（类型、时间、程度、范围、面积、户数）→县级分公司对灾情核实统计上报→州（市）级（公司）灾情统计上报→省局（公司）对灾情统计进行汇总。

5.3.11 采收烘烤标准化流程

采收烘烤主要业务节点包括成熟采收、科学烘烤、下秆初分，其中主要涉及的用户角色有省局（公司）、州（市）级（公司）、县级分公司、烟站（点）、合作社、烟农（业主），具体管理流程及详细说明如图5-15所示。

流程描述：

①成熟采收：州（市）级（公司）制定成熟采烤标准→县级分公司制订成熟采烤方案→烟站细化成熟采烤技术措施→合作社组织指导成熟采收（→合作社组织专业化采烤服务）→烟农成熟采烤（适熟采收、边秆入炉、烟叶烘烤）→烟农出炉下秆→合作社采烤情况（采收部位、采收面积、采烤进度、烘烤出炉数量、烘烤损失率、烤后烟叶农残检测项目结果）→烟站采烤情况统计→县级分公司采烤情况统计→州（市）级（公司）采烤情况上报→省局（公司）采烤情况统计。

②补贴验收：烟站采烤情况统计如有补贴→烟站补贴初验（验收不通过→组织专业化采烤服务）→验收通过县级分公司补贴复验（复验不通过，验收结果公示给烟农）→验收通过，县级分公司出具验收结果→验收结果公示给烟农（烟农有异议→组织专业化采烤服务）。

③补贴兑现：验收结果公示无异议→县级分公司发起补贴→补贴兑现给烟农→补贴兑现结果公示→烟站（点）补贴兑现数据汇总上报→县级分公司对各烟站补贴兑现数据汇总上报→州（市）级（公司）对各县补贴兑现数据汇总上报→省局（公司）对各州（市）级（公司）补贴兑现数据进行汇总。

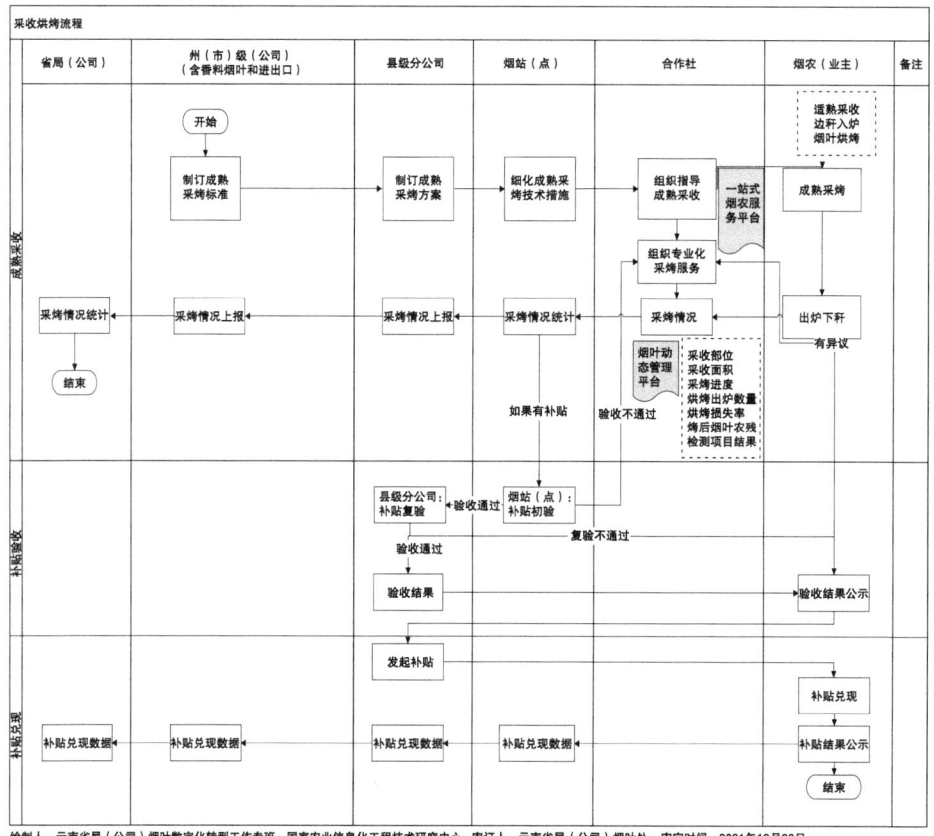

图5-15 采收烘烤标准化管理流程

5.3.12 产量测评标准化流程

产量测评主要业务节点包括大田估产、烤后测产、总量分析,主要涉及的用户角色有省局(公司)、州(市)级(公司)、县级分公司、烟站(点)、合作社、烟农(业主),具体管理流程及详细说明如图5-16所示。

流程描述:

烟站对大田整体长势统计上报(一、二、三、四类烟的面积、有效叶片数)→烟站分析灾害、病虫损失量(类型、面积、程度、损失量)→烟站分析烘烤损失(类型、面积、程度、损失量)→烟站预计产量→县级分公司汇总上报→州(市)级(公司)汇总上报→省局(公司)进行汇总。

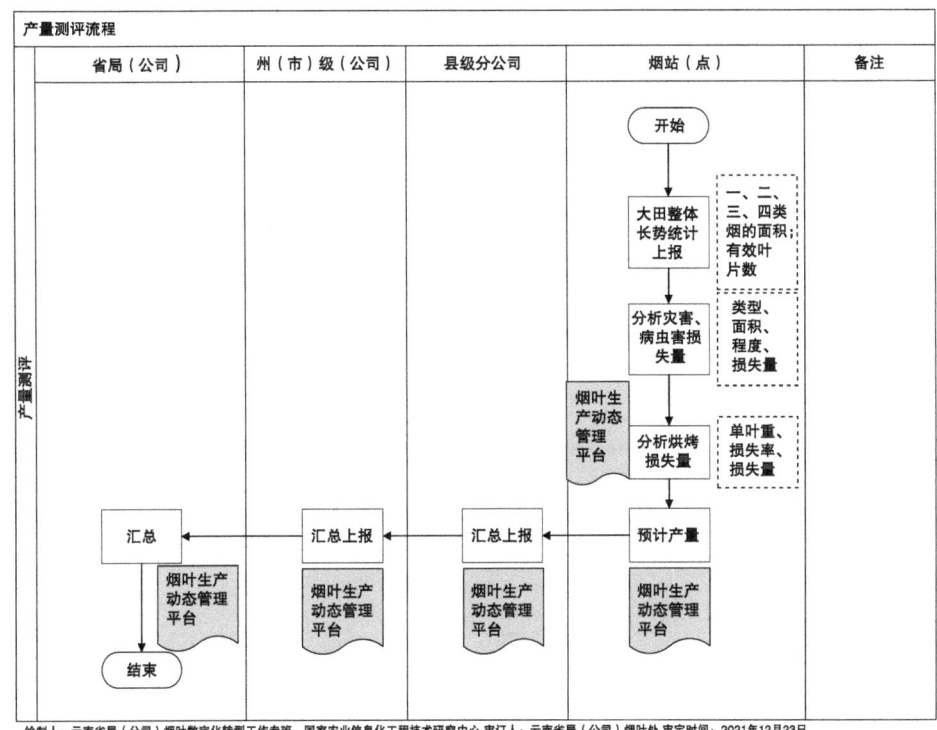

图5-16　产量测评标准化管理流程

5.3.13　生产投入标准化流程

生产投入主要业务节点包括计划、实施、验收、兑现，主要涉及的用户角色有省局（公司）、州（市）级（公司）、县级分公司、烟站（点）、烟农/合作社/第三方，具体管理流程及详细说明如图5-17所示。

流程描述：

省局（公司）烟叶处、财务处制订年度补贴项目、标准及预算→分管领导审批→烟叶处、财务处下发年度补贴方案及预算→州（市）级（公司）烟叶科、财务科制订年度补贴项目标准及分解预算→分管领导审批→烟叶科、财务科下发年度补贴方案及预算→县级分公司生产股、财务股制订年度补贴项目标准及分解预算→分管领导审批→生产股、财务股下发年度补贴方案及预算→烟站组织实施→烟农/合作社/第三方进行项目实施→县级分公司进行抽查复验→烟站进行验收结果公示→县级分公司补贴兑现

［→州（市）级（公司）上报补贴信息→省局（公司）补贴信息汇总］→县级分公司推送补贴信息到户。

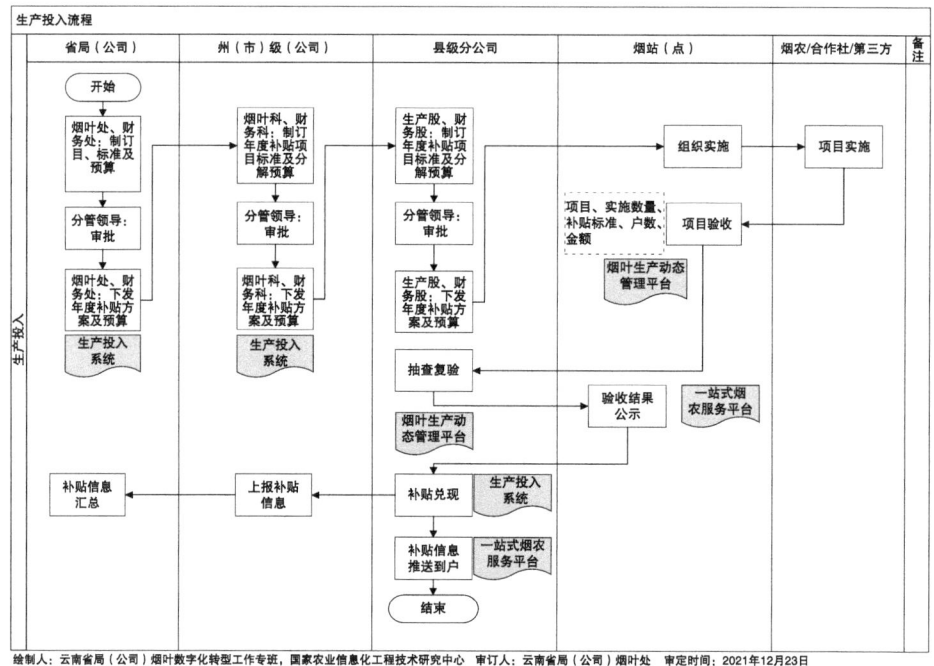

图5-17 生产投入标准化管理流程

5.3.14 烟叶收购标准化流程

烟叶收购主要业务节点包括预约交售、定级过磅、成包入库，主要涉及的用户角色有省局（公司）、州（市）级（公司）、县级分公司、烟站（点）、合作社、烟农，具体管理流程及详细说明如图5-18所示。

流程描述：

省局（公司）明确收购工作要求→州（市）级（公司）制订收购工作方案→烟站组织烟叶交售（收购时间）→烟农对烟叶进行初分→合作社烟叶初分指导→烟农预约分级交售（时间、农户、数量、部位）→合作社专业化分级（时间、农户、数量、部位）→烟站进行定级（等级、数量）→烟站过磅开票［→烟站成包入库（散烟：等级、数量；成包（框）：等级、数量）］→县级分公司收购情况统计（等级、数量、占比、均价）→

州（市）级（公司）收购数据统计→省局（公司）收购数据汇总。

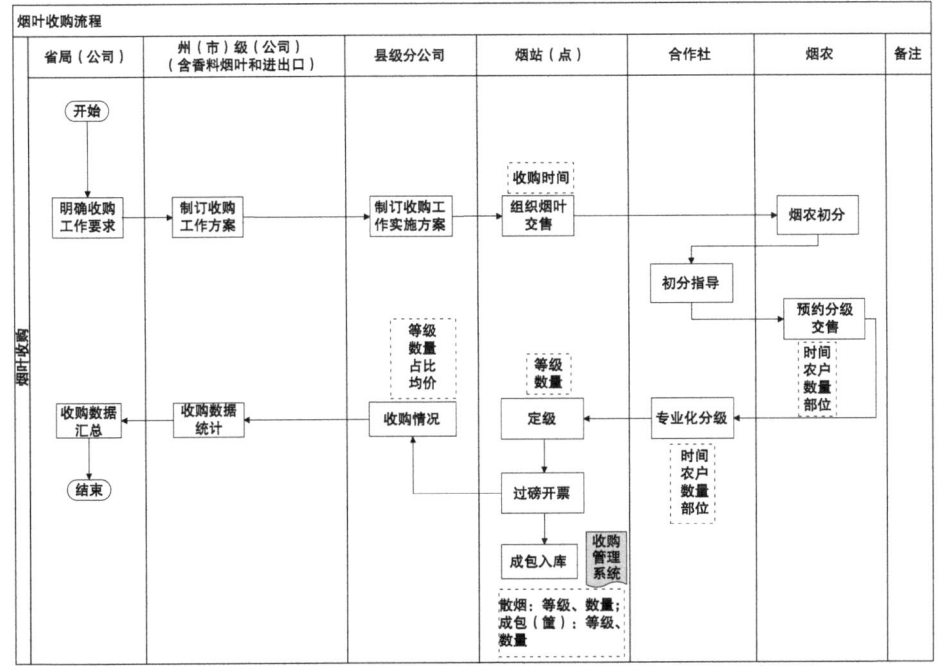

图5-18 烟叶收购标准化管理流程

5.3.15 省收购检查标准化流程

省收购检查主要业务节点包括检查方案制订、检查方案执行、检查结果分析和检查报告，主要涉及的用户角色有省局（公司）、省质检站、州（市）级（公司）、复烤企业、烟站（点），具体管理流程及详细说明如图5-19所示。

流程描述：

省局（公司）烟叶处下发检查方案→省质检站根据省局（公司）下发的检查方案组成检查组→州（市）级（公司）、复烤企业、烟站（点）参与检查并执行检查任务，主要针对品种、等级（等级合格率、等级纯度等），后将结果上报至省质检站→省质检站将检查结果录入系统后，对数据进行汇总统计上报至省局（公司）→省局（公司）烟叶处进行初审分析并编制检查报告，后经分管领导审核后下发通报至省质检站、州（市）级

（公司）、复烤企业、烟站（点）等。

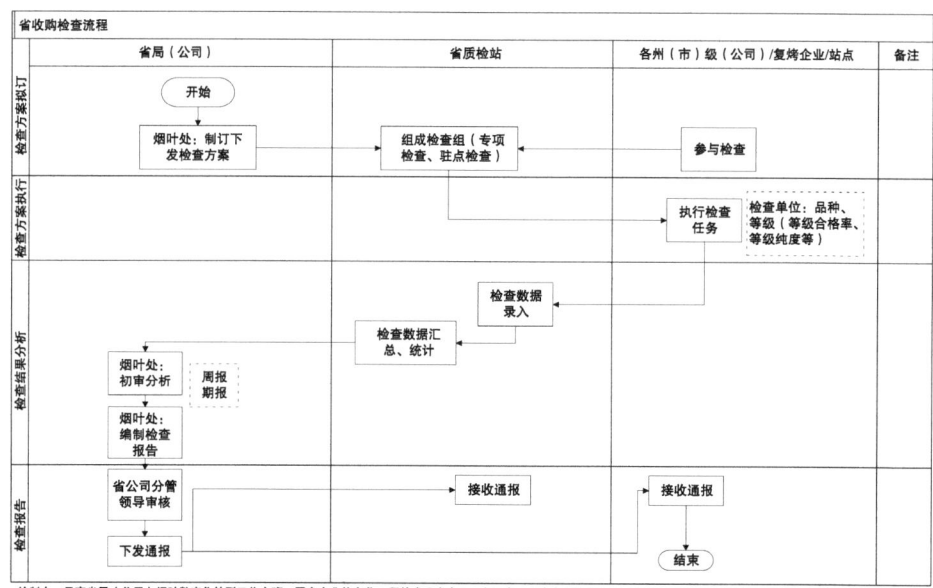

图5-19 省收购检查标准化管理流程

5.3.16 仓储管理标准化流程

仓储管理主要业务节点包括流转计划、移库调拨、在库管理，其中主要涉及的用户角色有国家局、省局（公司）、州（市）级（公司）、省烟叶公司、省复烤公司、工业客户、县级分公司、烟站（点），具体管理流程及详细说明如图5-20所示。

流程描述：

①流转计划：国家局烟叶流转计划（发文）→省局（公司）接收烟叶流转计划→烟叶处、计划处制订计划→烟叶处下达计划（产地、流向、等级、数量、客户），下达计划后有3个流向分别是流向州（市）级（公司）、省烟叶公司、省复烤公司，具体流程如下。

省局（公司）烟叶处下达计划→州（市）级（公司）接收烟叶流转计划→分解下达烟叶调拨流转计划（客户、流向、等级、数量）→县级分公司执行烟叶流转计划→烟站（点）执行烟叶流转计划（客户、流向、等级、数量）；

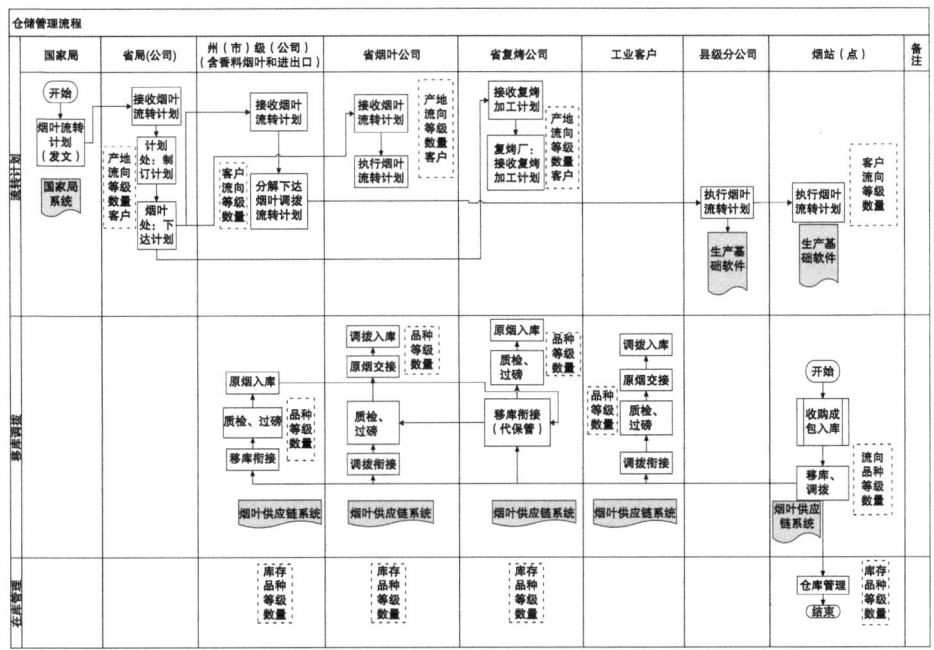

图5-20　仓储管理标准化管理流程

省局（公司）烟叶处下达计划→省烟叶公司接收烟叶流转计划→省烟叶公司执行烟叶流转计划（产地、客户、流向、等级、数量）；

省局（公司）烟叶处下达计划→省复烤公司接收复烤加工计划→复烤厂接收复烤加工计划（产地、客户、流向、等级、数量）。

②移库调拨：烟站（点）收购成包入库→烟站（点）移库、调拨，移库、调拨有4个流向分别是调拨衔接工业客户、移库衔接省复烤公司、调拨衔接省烟叶公司中心库、移库衔接州（市）级（公司）中心库，具体流程如下。

烟站（点）调拨至工业客户→调拨衔接→质检、过磅→原烟交接→调拨入库（品种、数量、等级）；

烟站（点）移库至省复烤公司（代保管）→移库衔接省复烤公司（代保管）→质检、过磅→原烟入库（品种、数量、等级）→省烟叶公司质检、过磅→原烟交接→调拨入库；

烟站（点）调拨至省烟叶公司中心库→调拨衔接→质检、过磅→原烟交接（品种、数量、等级）→调拨入库；

烟站（点）移库至州（市）级（公司）中心库→移库衔接→质检、过磅→原烟入库（品种、数量、等级）→省复烤公司移库衔接；

③在库管理：仓库管理主要有烟站（点）、省复烤公司、省烟叶公司、州（市）级（公司）具体流程如下。

烟站（点）移库、调拨→仓库管理（库存、品种、等级、数量）；

省复烤公司原烟交接→仓库管理（库存、品种、等级、数量）；

省烟叶公司调拨入库→仓库管理（库存、品种、等级、数量）；

州（市）级（公司）原烟交接→仓库管理（库存、品种、等级、数量）。

5.3.17 原烟交接标准化流程

原烟交接主要业务节点包括工商交接、交接质检、调拨出库，其中主要涉及的用户角色有州（市）级（公司）（含香料烟叶）、省烟叶公司、省复烤公司、工业客户/进出口公司，具体管理流程及详细说明如图5-21所示。

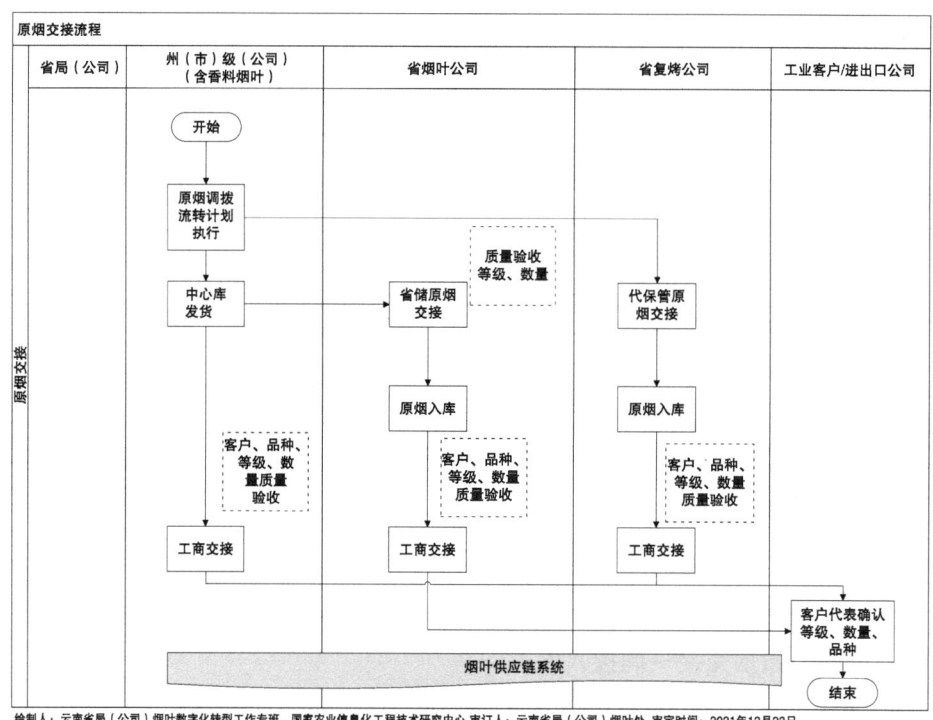

图5-21 原烟交接标准化管理流程

流程描述（原烟交接）：

①州（市）级（公司）原烟调拨流转计划执行→省复烤公司代保管原烟交接→原烟入口→工商交接（客户、品种、等级、数量，质量验收）→工业客户/进出口公司客户代表确认等级、数量、品种。

②州（市）级（公司）原烟调拨流转计划执行→中心库发货→省烟叶公司省储原烟交接→原烟入库→工商交接（客户、品种、等级、数量，质量验收）→工业客户/进出口公司客户代表确认等级、数量、品种。

③州（市）级（公司）原烟调拨流转计划执行→中心库发货→工商交接（客户、品种、等级、数量，质量验收）→工业客户/进出口公司客户代表确认等级、数量、品种。

5.3.18 工商交接检查标准化流程

工商交接检查主要业务节点包括检查方案拟定、检查方案执行、检查结果分析、检查报告，其中主要涉及的用户角色有省局（公司）、省质检站、州（市）级（公司）/复烤企业/云南中烟，具体管理流程及详细说明如图5-22所示。

流程描述：

①检查方案拟定：省局（公司）科技处制订检查方案→分管领导审批→科技处下发检查方案→［各州（市）级（公司）/复烤企业/云南中烟参与检查→］省质检站组成检查组。

②检查方案执行：省质检站组成检查组→执行检查任务［州（市）级（公司）、复烤企业、工业企业库区］。

③检查结果分析：各州（市）级（公司）/复烤企业/云南中烟执行检查任务→省质检站对检查的数据进行录入→检查数据汇总统计（检查州市、检查批次、综合合格率、综合纯度）→省局（公司）科技处初审分析。

④检查报告：省局（公司）科技处初审核分析→科技处编制检查报告→省局（公司）分管领导审核→下发通知→省质检站通报接收、州（市）级（公司）通报接收。

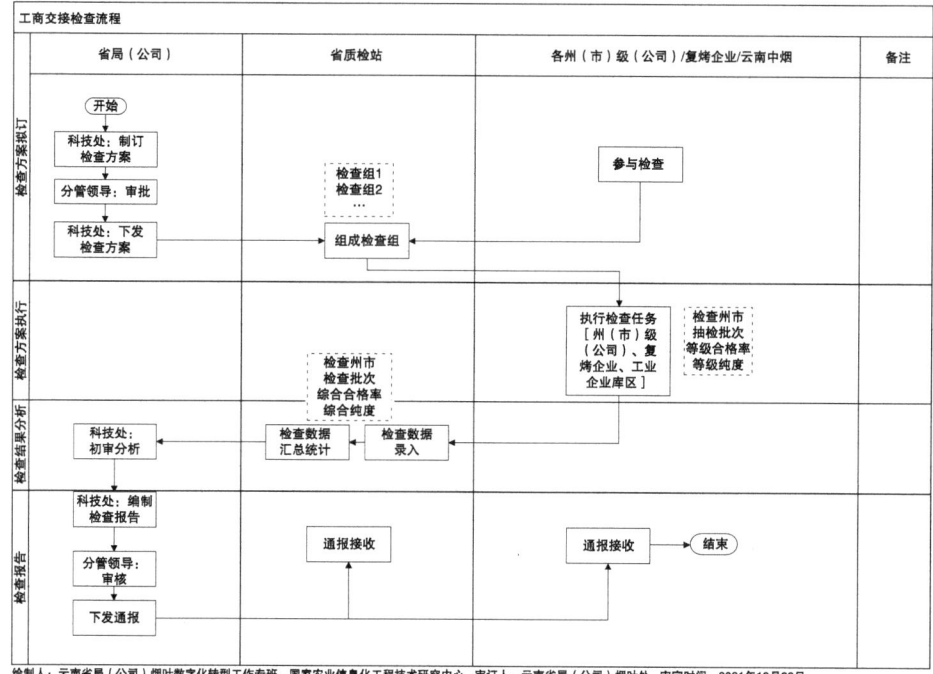

图5-22　工商交接标准化管理流程

5.3.19　复烤加工标准化流程

复烤加工主要业务节点包括加工调度、配方加工、产品入库，其中主要涉及的用户角色有省局（公司）、省烟叶公司、省复烤公司，其中省烟叶公司主要有生产经营科、烟叶技术中心、企管科、烟叶生产中心、工业客户/进出口公司，省复烤公司主要有生产经营科、复烤厂、工业客户/进出口公司，具体管理流程及详细说明如图5-23所示。

流程描述：

省烟叶公司复烤加工流程说明：

①加工计划：工业客户/进出口提出加工需求→生产经营科制订加工计划→烟叶技术中心配方加工方案、委托加工方案→企管科加工计划调度→烟叶生产中心执行加工计划。

②原料分选：烟叶生产中心执行加工计划→原烟分选（工业客户/进出口需要进行分析质检）→选后烟叶备料（客户、等级、数量）。

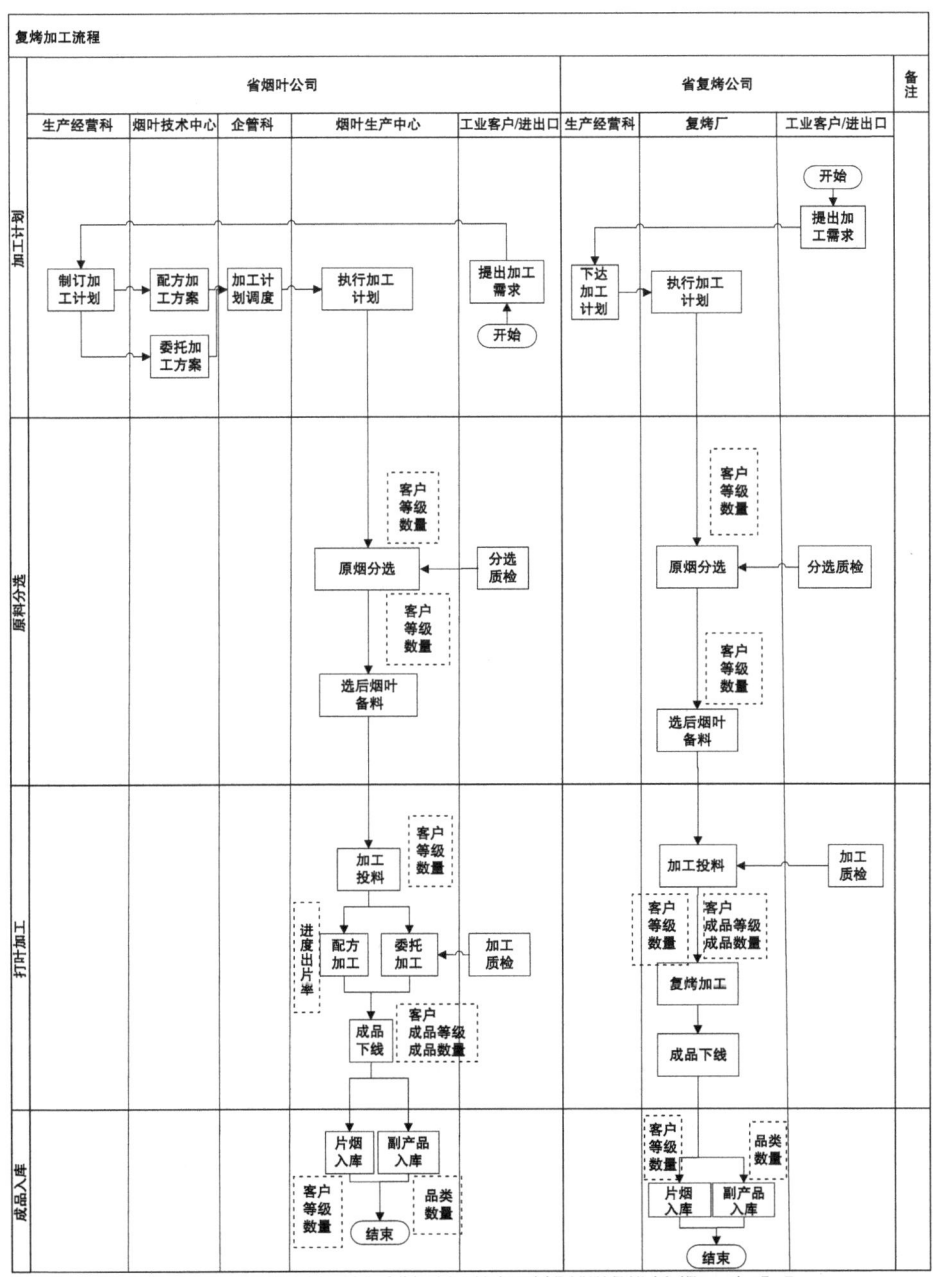

图5-23 复烤加工标准化管理流程

③打叶加工：选后烟叶备料→加工投料（客户、等级、数量）→配方加工、委托加工（工业客户/进出口需要进行加工质检）→成品下线（客

户、成品等级、成品数量）。

④成品入库：成品下线→片烟入口（客户、等级、数量）、副产品入库（品类、数量）。

省复烤公司复烤加工流程说明：

①加工计划：工业客户/进出口提出加工需求→生产经营科下达加工计划→复烤厂执行加工计划。

②原料分选：复烤厂执行加工计划→原料分选（客户、等级、数量）（工业客户/进出口对分析进行质检）→选后烟叶备料（客户、等级、数量）。

③打叶加工：选后烟叶备料完成后→加工投料（工业客户/进出口对分析加工质检）→进行复烤加工→成品下线。

④成品入库：加工完成后成品下线→片烟入库（客户、等级、数量）、副产品入库（品类、数量）。

5.3.20 调拨结算标准化流程

调拨结算主要业务节点包括产品出库、到货确认、货款结算，主要用户角色有州（市）级（公司）（含香料烟公司）、省烟叶公司、进出口公司、省复烤公司、工业客户、国际客户，具体管理流程及详细说明如图5-24所示。

流程描述：

调拨出库流程说明：

①州（市）级（公司）执行成品调出计划→省复烤公司成品发货（客户、品种、等级、数量）→工业客户成品购入。

②省烟叶公司成品销售→工业客户成品购入。

③州（市）级（公司）执行原烟调出计划→省烟叶公司原烟购入。

④州（市）级（公司）执行原烟调出计划→工业客户原烟购入。

⑤进出口公司出口备货成品销售→国际客户成品购入。

到货确认流程说明：

①省烟叶公司原烟购入→到货确认（品种、等级、数量、质量）。

②工业客户成品购入→成品到货确认（品种、等级、数量、质量）。

③国际客户成品购入→成品到货确认（品种、等级、数量）。

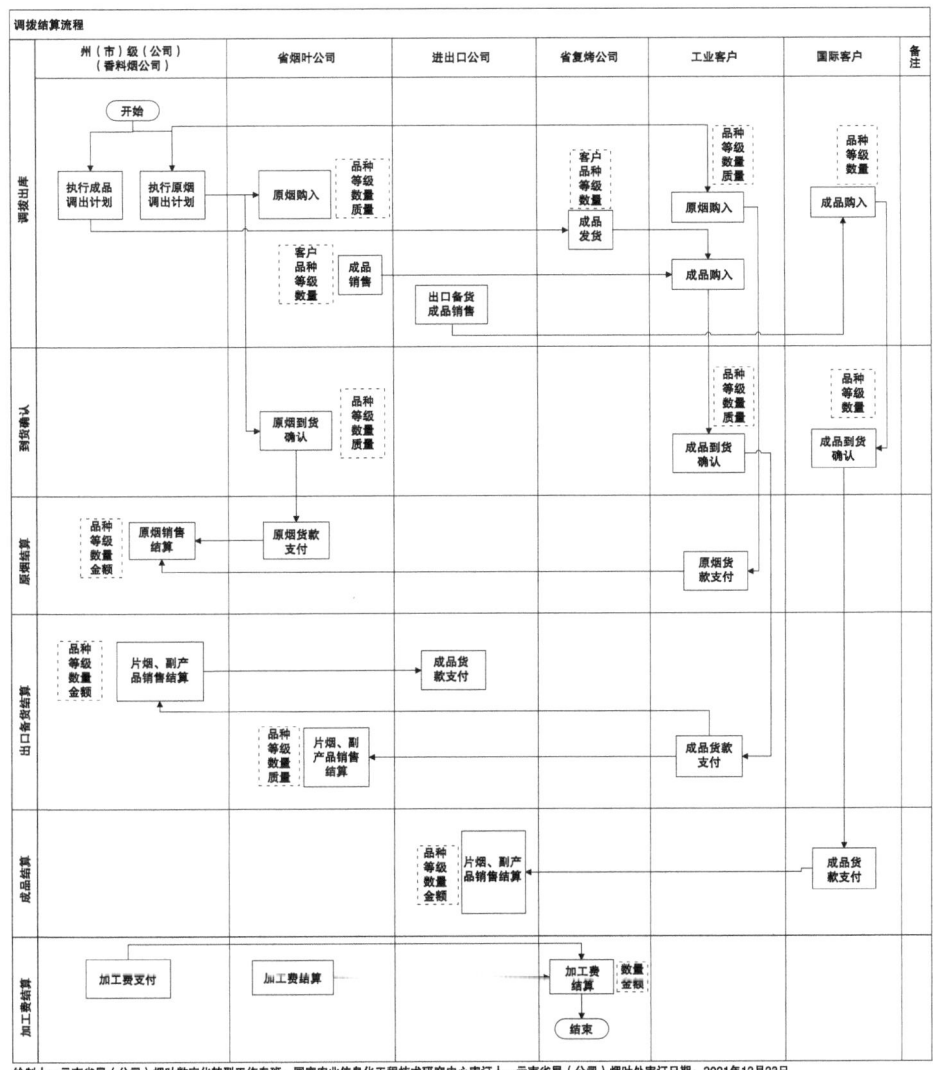

图5-24 调拨结算标准化管理流程

原烟结算流程说明:

①省烟叶公司原烟购入到货确认→原烟货款支付→州（市）级（公司）进行原烟销售结算（品种、等级、数量、金额）。

②工业客户成品购入→原烟货款支付→州（市）级（公司）进行原烟销售结算（品种、等级、数量、金额）。

出口备货结算流程说明：

①工业客户成品到货确认→成品货款支付→进出口公司进行片烟、副产品销售结算（品种、等级、数量、金额）。

②工业客户成品到货确认→成品货款支付→州（市）级（公司）进行片烟、副产品销售结算（品种、等级、数量、金额）→进出口公司成品货款支付。

成品结算流程说明：

国际客户成品到货确认→成品货款支付→进出口公司进行片烟、副产品销售结算（品种、等级、数量、金额）。

加工费结算流程说明：

①州（市）级（公司）加工费支付→省复烤公司加工费结算（数量、金额）。

②省烟叶公司加工费支付→省复烤公司加工费结算（数量、金额）。

5.4 烟叶生产管理关键指标梳理

数据是烟叶数字化转型的基础和关键，烟叶生产过程就是数据产生过程。云南烟叶生产关键业务指标是指各生产管理环节需要关注并获取的、具有业务意义的数据项。这些数据项是未来数字化烟叶生产分析决策、指挥调度，以及智能化作业控制所必需的依据。下面将围绕产前、产中、产后各环节，从省局（公司）、州（市）级公司、县级分公司、烟站（点）等层级梳理明确业务数据指标。

5.4.1 计划分解关键指标

省局（公司）关键指标包括：

①产能分析：近3年计划任务完成情况、种烟意愿调查汇总（农户数、面积）。

②市场需求分析：近3年工业提报需求情况、品种需求情况。

③分解计划到各州（市）：调出计划核定量（万担）、国内调出（万担）、出口备货（万担）品种安排、种植面积、收购量。

州（市）级（公司）及直属单位关键指标包括：

①产能分析：近3年计划任务完成情况、种烟意愿调查汇总（农户数、面积）。

②市场需求分析：近3年工业提报需求情况、品种需求情况。

③购销合同签订（客户、总量）。

④分解计划到各县级分公司：种植面积、种植品种、收购量。

县级分公司关键指标包括：

①产能分析：近3年计划任务完成情况、种烟意愿调查汇总（农户数、面积）。

②分解计划到各烟站（点）：种植面积、种植品种、收购量。

烟站（点）关键指标包括：

落实计划：农户数量、种植面积、种植品种、收购量。

5.4.2 种植布局关键指标

省局（公司）关键指标包括：

①烟区规划：核心烟区面积、占比；重点烟区面积、占比；普通烟区面积、占比。

②设施配套：水源保障面积、机耕路配套面积、密集烘烤保障面积、清洁能源烘烤数量、保障面积。

③汇总年度种植布局：核心烟区面积、占比；重点烟区面积、占比；普通烟区面积、占比；轮作比例（%）。

州（市）级（公司）及直属单位关键指标包括：

①烟区规划：核心烟区面积、占比；重点烟区面积、占比；普通烟区面积、占比。

②设施配套：水源保障面积、机耕路配套面积、密集烘烤保障面积、清洁能源烘烤数量、保障面积。

③汇总年度种植布局：核心烟区面积、占比；重点烟区面积、占比；普通烟区面积、占比；轮作比例（%）。

县级分公司关键指标包括：

①烟区规划：核心烟区面积、占比；重点烟区面积、占比；普通烟区

面积、占比。

②设施配套：水源保障面积、机耕路配套面积、密集烘烤保障面积、清洁能源烘烤数量、保障面积。

③优化布局：核心烟区面积、占比；重点烟区面积、占比；普通烟区面积、占比；轮作比例（%）。

烟站（点）关键指标包括：

①烟区规划：核心烟区面积、占比；重点烟区面积、占比；普通烟区面积、占比。

②设施配套：水源保障面积、机耕路配套面积、密集烘烤保障面积、清洁能源烘烤数量、保障面积。

③优化布局：核心烟区面积、占比；重点烟区面积、占比；普通烟区面积、占比；轮作比例（%）。

5.4.3 合同签订关键指标

省局（公司）关键指标包括：

①地块绑定：规划区域种烟面积及比例（核心、重点、普通）。

②种植申请：种植面积（万亩）、烟农户数、种植品种、收购量（万担）。

州（市）级（公司）及直属单位关键指标包括：

①地块绑定：规划区域种烟面积及比例（核心、重点、普通）。

②种植申请：种植面积（万亩）、烟农户数、种植品种及比例（%）、收购量（万担）。

③申请审核：劳动力、配套烤房、土地面积（种植积极性、种植诚信度）。

④合同签订：合同签订授权、农户数量、种植主体信息、签订面积、交售量、签订时间进度。

县级分公司关键指标包括：

①申请审核：劳动力、配套烤房、土地面积（种植积极性、种植诚信度）。

②合同签订：合同签订授权、农户数量、种植主体信息、签订面积、交售量、签订时间进度。

烟站（点）关键指标包括：

①申请审核：劳动力、配套烤房、土地面积（种植积极性、种植诚信度）。

②地块绑定：核心、重点、普通区面积及比例。

③合同签订：农户数量、种植主体信息、签订面积、交售量、签订时间进度。

5.4.4　物资供应关键指标

省局（公司）关键指标包括：

①物资品类。

②物资规格。

③物资数量。

州（市）级（公司）及直属单位关键指标包括：

①计划：物资品类、物资规格、物资数量。

②采购：按计划统一采购化肥品类、按计划统一采购化肥数量、按计划统一供应化肥品类、按计划统一供应化肥数量、制订化肥销售价格、组织化肥调运、物资款回收、化肥供应进度。

③供应：客户签订购销合同、签订购销合同总量汇总、品种供种计划、数量供种计划、供应进度。

县级分公司关键指标包括：

供应：客户签订购销合同、签订购销合同总量汇总、品种供种计划、数量供种计划、供应进度。

烟站（点）关键指标包括：

供应：客户签订购销合同、签订购销合同总量汇总、品种供种计划、数量供种计划、供应进度。

5.4.5　种植保险关键指标

省局（公司）关键指标包括：

①投保：承保保险公司名称、承保范围、投保户数、保费金额。

②理赔：汇总理赔信息，包括面积、程度、户数、赔付金额、赔付时间。

州（市）级（公司）及直属单位关键指标包括：

①投保：承保保险公司名称、承保范围、投保户数、保费金额。

②定损：损失面积、损失程度、户数。

③理赔：面积、程度、户数、赔付金额、赔付时间。

县级分公司关键指标包括：

①投保：投保户数、保费金额、投保户数、保费金额。

②定损：损失面积、损失程度、户数。

③理赔：面积、程度、户数、赔付金额、赔付时间。

烟站（点）关键指标包括：

①投保：投保户数、保费金额、投保户数、保费金额。

②定损：损失面积、损失程度、户数。

③理赔：面积、程度、户数、赔付金额、赔付时间。

5.4.6 育苗供苗关键指标

省局（公司）关键指标包括：

①育苗准备：供苗区域、育苗数量、育苗进度。

②烟苗供应：供种品种、供种数量、供苗数量、供苗进度、供苗品种。

州（市）级（公司）及直属单位关键指标包括：

①制订计划：育苗点数量、品种、供苗面积、育苗时间梯度。

②育苗准备：供苗区域、育苗数量、育苗进度、育苗点数量。

③育苗管理：供种品种、供种数量、育苗点数量、育苗点育苗数量、育苗点育苗品种、育苗点育苗进度。

县级分公司关键指标包括：

烟苗供应：供种品种、供种数量、供苗数量、供苗进度、供苗品种。

烟站（点）关键指标包括：

烟苗供应：供种品种、供种数量、供苗数量、供苗进度、供苗品种。

5.4.7 大田移栽关键指标

省局（公司）关键指标包括：

①整地理墒：整地理墒进度、整地理墒质量。

②节令移栽：移栽节令、移栽进度、移栽质量。

州（市）级（公司）及直属单位关键指标包括：

面积核实：移栽面积核实。

5.4.8 田间管理关键指标

省局（公司）关键指标包括：

①水肥调控：田间管理技术落实进度、大田生育期［团棵、旺长、现蕾、封顶面积（万亩）］。

②中耕培土：专业化服务类型、专业化服务数量。

③封顶打杈：田间管理技术落实进度、大田生育期［团棵、旺长、现蕾、封顶面积（万亩）］、专业化服务类型、专业化服务数量。

州（市）级（公司）及直属单位关键指标包括：

①水肥调控：田间管理技术落实进度、大田生育期［团棵、旺长、现蕾、封顶面积（万亩）］。

②中耕培土：专业化服务类型、专业化服务数量。

③绿色防控：鲜烟叶农残快检项目、鲜烟叶农残快检结果。

④封顶打杈：田间管理技术落实进度、大田生育期［团棵、旺长、现蕾、封顶面积（万亩）］、专业化服务类型、专业化服务数量。

县级分公司关键指标包括：

①水肥调控：田间管理技术落实进度、大田生育期［团棵、旺长、现蕾、封顶面积（万亩）］。

②封顶打杈：田间管理技术落实进度、大田生育期［团棵、旺长、现蕾、封顶面积（万亩）］、专业化服务类型、专业化服务数量。

烟站（点）关键指标包括：

封顶打杈：田间管理技术落实进度、大田生育期［团棵、旺长、现蕾、封顶面积（万亩）］、专业化服务类型、专业化服务数量。

5.4.9 专业化服务关键指标

省局（公司）关键指标包括：

①计划：专业化服务内容、专业化服务价格。

②实施：专业化服务进度。

州（市）级（公司）及直属单位关键指标包括：

①计划：专业化服务内容、专业化服务价格。

②实施：专业化服务进度。

③验收：专业化服务数量、专业化服务价格。

县级分公司关键指标包括：

计划：专业化服务内容、专业化服务价格。

5.4.10 防灾减灾关键指标

省局（公司）关键指标包括：

①灾害预警信息：可能发生灾害的时间、类型、程度、范围。

②灾情统计汇总：类型、时间、程度、范围、面积、户数。

州（市）级（公司）及直属单位关键指标包括：

①预案制订：制订防灾减灾预案、细化防灾减灾预案。

②灾害预警信息：可能发生灾害的时间、类型、程度、范围。

③灾情统计汇总：类型、时间、程度、范围、面积、户数。

④启动预案。

县级分公司关键指标包括：

①预案制订：制订防灾减灾预案、细化防灾减灾预案。

②灾害预警信息：可能发生灾害的时间、类型、程度、范围。

③灾情统计汇总：类型、时间、程度、范围、面积、户数。

④启动预案。

烟站（点）关键指标包括：

①预案制订：制订防灾减灾预案、细化防灾减灾预案。

②灾害预警信息：可能发生灾害的时间、类型、程度、范围。

③灾情统计汇总：类型、时间、程度、范围、面积、户数。

④启动预案。

5.4.11 采收烘烤关键指标

省局（公司）关键指标包括：

成熟采收：采烤情况统计与上报。

州（市）级（公司）及直属单位关键指标包括：

成熟采收：采收部位、采收面积、占比，烘烤出炉数量、烘烤损失率，烤后烟叶农残快检项目、结果，清洁能源类型、数量。

县级分公司关键指标包括：

①成熟采烤：采烤情况统计与上报。

②科学烘烤：制订成熟采收方案、移栽质量。

烟站（点）关键指标包括：

①成熟采烤：采烤情况统计与上报。

②科学烘烤：细化成熟采烤技术措施、移栽质量。

③下秆初分：烟农针对采收部分进行采收部位初分。

5.4.12 产量测评关键指标

省局（公司）关键指标包括：

总量分析：整体长势（一、二、三、四类烟面积）、分析灾害、烘烤损失、分析总体产量。

州（市）级（公司）及直属单位关键指标包括：

总量分析：整体长势（一、二、三、四类烟面积）、分析灾害、烘烤损失、分析总体产量。

县级分公司关键指标包括：

总量分析：整体长势（一、二、三、四类烟面积）、分析灾害、烘烤损失、分析总体产量。

烟站（点）关键指标包括：

①大田估产：整体长势（一、二、三、四类烟面积）、灾害损失（类型、面积、程度、损失）。

②烤后测产：烤后损失（单叶重、损失率、损失量）。

③总量分析：整体长势（一、二、三、四类烟面积）、分析灾害、烘烤损失、分析总体产量。

5.4.13 生产投入关键指标

省局（公司）关键指标包括：

①计划：制订年度补贴项目、标准及预算（补贴项目、补贴标准、补贴对象、年度预算、实施数量、户数、金额）。

②汇总补贴信息。

州（市）级（公司）及直属单位关键指标包括：

①计划：制订年度补贴项目、标准及预算（补贴项目、补贴标准、补贴对象、年度预算、实施数量、户数、金额）。

②汇总补贴信息。

县级分公司关键指标包括：

①计划：制订年度补贴项目、标准及预算（补贴项目、补贴标准、补贴对象、年度预算、实施数量、户数、金额）。

②验收：烟站（点）初验（项目、实施数量、户数）。

③兑现：补贴信息推送到户。

烟站（点）关键指标包括：

①实施：汇总补贴信息（项目、实施数量、户数、金额）。

②验收：烟站（点）初验（项目、实施数量、户数）。

③兑现：烟站（点）公示验收结果（项目、实施数量、户数）。

5.4.14 烟叶收购关键指标

省局（公司）关键指标包括：

①预约交售：交售时间、农户、交售数量。

②定级过磅：收购时间、收购进度分析（收购等级、收购数量、收购上等烟比例、收购均价）、收购质量检查指标。检查指标包括综合合格率（%）[上等烟合格率（%）、中等烟合格率（%）、下等烟合格率（%）]、综合纯度（%）[上等烟（纯度）、中等烟纯度（%）、下等烟纯度（%）]、总检查（批）[上等烟检查（批）、中等烟检查（批）、下等烟检查（批）]。

州（市）级（公司）及直属单位关键指标包括：

①预约交售：交售时间、农户、交售数量。

②定级过磅：收购时间、收购进度分析（收购等级、收购数量、收购上等烟比例、收购均价）、收购质量检查指标。检查指标包括综合合格率（%）[上等烟合格率（%）、中等烟合格率（%）、下等烟合格率（%）]、综合纯度（%）[上等烟（纯度）、中等烟纯度（%）、下等烟纯度（%）]、总检查（批）[上等烟检查（批）、中等烟检查（批）、

下等烟检查（批）］。

③成包入库：入库等级、入库数量、散烟等级数量、成包（框）等级数量。

县级分公司关键指标包括：

预约交售：交售时间、农户、交售数量。

5.4.15　仓储管理关键指标

省局（公司）关键指标包括：

移库计划：调拨流转计划（流向、数量）。

州（市）级（公司）及直属单位关键指标包括：

①移库计划：调拨流转计划（流向、数量）。

②移库调拨：［州（市）级（公司）、复烤公司、烟叶公司、进出口公司］移库调拨烟叶（品种、等级、数量、流向）。

③在库管理：省烟叶公司入库烟叶（品种、等级、数量、产地）。

进出口公司［各州（市）级（公司）、县级分公司］关键指标包括：

在库管理：烟站（点）库存原烟品种［等级、数量（实时）］。

省复烤公司关键指标包括：

在库管理：入库烟叶等级、数量、产地。

5.4.16　原烟交接关键指标

省局（公司）关键指标包括：

①工商交接：交接数量（万担）、交接结构（上等烟比例、中等烟比例、下低等烟比例）（%）、交接客户、品种、等级、数量（担）、交接结构（上等烟比例、中等烟比例、下低等烟比例）（%）。

②交接质量：工商交接质量检查［综合合格率（%）、上等烟合格率（%）、中等烟合格率（%）、下等烟合格率（%）、综合纯度（%）、上等烟（纯度）、中等烟纯度（%）、总检查（批）、上等烟检查（批）、中等烟检查（批）、下等烟检查（批）］。

州（市）级（公司）及直属单位关键指标包括：

①工商交接：交接数量（万担）、交接结构（上等烟比例、中等烟比

例、下低等烟比例）（%）、交接客户、品种、等级、数量（担）、交接结构（上等烟比例、中等烟比例、下低等烟比例）（%）。

②交接质量：工商交接质量检查［综合合格率（%）、上等烟合格率（%）、中等烟合格率（%）、下等烟合格率（%）、综合纯度（%）、上等烟（纯度）、中等烟纯度（%）、总检查（批）、上等烟检查（批）、中等烟检查（批）、下等烟检查（批）］。

县级分公司关键指标包括：

工商交接：交接数量（万担）、交接结构（上等烟比例、中等烟比例、下低等烟比例）（%）、交接客户、品种、等级、数量（担）、交接结构（上等烟比例、中等烟比例、下低等烟比例）（%）。

进出口公司关键指标包括：

调拨出库：各州（市）级（公司）调出烟叶（品种、等级、数量）。

省复烤公司关键指标包括：

调拨出库：代保管入库烟叶（产地、等级、数量）；

厂际（多厂）间移库关键指标包括：

调拨出库：厂际间移库（调出、调入）烟叶（产地、客户、等级、数量）。

5.4.17 复烤加工关键指标

省局（公司）关键指标包括：

①加工调度：原烟分选（分选等级、数量，选后烟叶等级、数量）、选后烟叶（等级、数量）。

②配方加工：复烤加工（投料等级、投料数量）、加工进度（成品等级、成品数量、出片率、副产品品类、数量）。

州（市）级（公司）及直属单位关键指标包括：

①加工调度：原烟分选（分选等级、数量，选后烟叶等级、数量）、选后烟叶（等级、数量）。

②配方加工：复烤加工（投料等级、投料数量）、加工进度（成品等级、成品数量、出片率、副产品品类、数量）。

进出口公司及直属单位关键指标包括：

产品入库：成品入库（客户、等级、数量）。

5.4.18 调拨结算关键指标

省局（公司）关键指标包括：

产品出库：调出计划制订、原烟调出（等级、数量）、成品烟调出（等级、数量）。

州（市）级（公司）及直属单位关键指标包括：

州（市）级（公司）（香料烟公司）：

产品出库：调出计划制订、原烟调出（等级、数量）、成品烟调出（等级、数量）

省烟叶公司、进出口公司：

产品出库：库存（成品片烟、副产品库存等级、数量）、（成品烟调出（客户到货确认等级、数量）、成品烟结算［客户、品种、等级、数量、结算金额（万元）］。

省复烤公司：

产品出库：成品片烟和副产品库存，成品片烟调出客户签字确认等级、数量。

省烟叶公司：

到货确认：原烟到货确认（原烟等级、原烟数量）。

工业客户、国际客户：

到货确认：成品到货确认（成品烟等级、成品烟数量）。

县级分公司、烟站（点）：

货款结算：原烟结算［客户、品种、等级、数量、结算金额（万元）］、成品烟结算［客户、品种、等级、数量、结算金额（万元）］。

5.4.19 工业反馈关键指标

省局（公司）、州（市）级（公司）关键指标包括：

①原料需求：区域、品种、数量、等级。

②原料使用：分品牌单箱原料使用量、卷烟配方比例。

③烟叶质量：外观、内在、感官、复烤质量。

④烟叶库存：数量、保障月份。

⑤品牌发展：自生产、合作生产、工业企业卷烟、烟叶计划安排。

5.4.20 工商评价关键指标

省局（公司）关键指标包括：

①工业对州（市）级（公司）评价：计划满足、品种落实、等级结构、调拨质量、项目合作、服务质量。

②工业对复烤加工（复烤公司、烟叶公司）评价：计划满足、复烤加工、服务质量。

③商业公司对工业评价：计划变动（近3年）、合同执行、等级结构需求、项目合作、工业协同、财务结算、品牌发展、创新使用。

5.5 烟叶业务管理流程再造分析

在烟叶生产管理流程标准化的基础上，基于烟叶业务转型升级需求，运用先进适用的数字技术对各个烟叶生产管理标准流程重构赋能，基于业务管理与数字技术的融合创新实现烟叶管理流程的数字化再造，如表5-1所示。

表5-1 云南烟叶数字化转型——烟叶管理流程再造分析概览

序号	业务节点	再造要点描述	数字化技术需求	系统（平台）载体
1	年度种植规划管理	由人工层层落实变为基于地理信息数据支撑下自动推荐线上落实，辅以线下核验	遥感技术、地理信息系统和北斗定位系统 大数据分析技术	数字烟区管理平台（拟新建，下同） 烟叶生产动态管理平台（拟新建，下同）
2	基础设施配套管理	由基层评估并提报配套需求变为基于全省基础设施、种植规划、气象水文信息叠加数据支撑的空间分析的配套自动化推荐	遥感技术、地理信息系统和北斗定位系统 大数据分析技术	数字烟区管理平台（拟新建，下同） 基础设施管理系统（可与数字烟区管理平台同步建设）
3	合同网签管理	变为种植意愿申请与种植地块绑定在线操作、基于合同计划实现智能分级计划、完成合同网签	移动互联网技术 数字认证技术 知识图谱技术	一站式烟农服务平台 数字烟区管理平台

（续表）

序号	业务节点	再造要点描述	数字化技术需求	系统（平台）载体
4	物资采购供应管理	实现线上物资采买供应全流程。供应商入驻，烟农自主采买	移动互联网技术	一站式烟农服务平台
5	育苗供苗管理	建设集约化育苗工厂，实现育苗自动化少人化，实现育苗过程环境监测、在线供苗	智能控制技术 设施环境精准调控技术 育苗水肥智能管控技术 移动互联网技术	烟叶生产动态管理平台 一站式烟农服务平台
6	田间生产管理（整地理墒）	实现整地理墒在线专业化服务，作业质量自动监测	移动互联网技术 农机智能监测技术	烟叶生产动态管理平台 一站式烟农服务平台
7	田间生产管理（大田移栽）	基于大数据分析的移栽方案制订，完成移栽覆膜在线专业化服务，移栽进度自动监测，移栽面积核实智能化	大数据分析技术 移动互联网技术 移栽装备提升改进及移栽智能监测技术 无人机监测、人工智能算法	烟叶生产动态管理平台 一站式烟农服务平台
8	田间生产管理（烟株长势）	通过多尺度大田信息监测手段，实现烟田烟叶多维度信息获取、分析，实现田间水肥管理、中耕管理等智能化	遥感技术 物联网监测技术 田间水肥调控技术 农机智能监测技术	烟叶生产动态管理平台 一站式烟农服务平台
9	田间生产管理（绿色防控）	建立省级烟叶病虫智能测报网，结合大数据分析历年病虫害发生规律，实现多手段智能化精准绿色防控	病虫害物联网监测技术 多尺度病虫遥感监测技术 人工智能技术 无人机作业监测技术 移动互联网技术	烟叶生产动态管理平台 一站式烟农服务平台
10	田间生产管理（防灾减灾）	建立基于气象数据的精准测报体系，实现灾害受损在线上报与无人机定损，保险理赔在线操作	灾害实时监测预警技术 灾害遥感监测与分析技术 移动互联网技术	烟叶生产动态管理平台 一站式烟农服务平台
11	智能采烤管理（烟叶采收）	基于多尺度烟叶成熟度识别，实现采收服务在线化，采收进度在线上报，并探索研发智能采收装备	移动互联网技术 人工智能技术 遥感监测分析技术 智能装备技术	烟叶生产动态管理平台 一站式烟农服务平台

（续表）

序号	业务节点	再造要点描述	数字化技术需求	系统（平台）载体
12	智能采烤管理（烟叶烘烤）	实现在线烘烤服务模式探索，研究实现智能烘烤技术	鲜烟叶成熟度无损判别技术（人工智能技术） 烘烤过程无损监测分析技术 烘烤工艺曲线自适应调优技术 移动互联网技术	烟叶生产动态管理平台 一站式烟农服务平台
13	产量测评管理（大田估产）	实现基于光谱分析的大田测产估产技术方式	光谱监测分析技术	烟叶生产动态管理平台
14	产量测评（烤后测产）	实现基于烤后烟叶称重、光谱监测技术的集成应用，实现科学化烤后烟叶测产	光谱监测分析技术	烟叶生产动态管理平台
15	产前投入管理	实现补贴核验、补贴确认、补贴兑现全流程在线化；实现机耕作业、无人机作业环节的补贴数据自动监测	移动互联网技术 农机智能监测技术	烟叶生产动态管理平台
16	烟叶收购管理（传统干烟收购）	实现在线预约交售、烟叶智能分定级、智能打包、成包赋码	人工智能技术 移动互联网技术 智能打包技术 电子标签技术	烟叶收购数字化管理系统（拟提升）
17	烟叶仓储管理	实现少人化无人化烟叶智能仓储	智能仓储技术 仓库环境调控技术	烟叶生产动态管理平台
18	烟叶调拨管理	实现烟叶调拨过程中的智能出入库、在途运输监测、路径优化	车辆GPS定位技术 电子标签技术 人工智能技术	烟叶调拨数字化管理平台（拟新建）

5.6 本章小结

烟叶数字化转型的核心在于通过业务流程设计来实现烟草生产环节及管理环节的流程再造，流程再造和流程优化是两项关键任务。在具体实施中，需要统一优化业务管理模式及处理方式，需要相关部门从数字化转型全局出发，出台配套制度及政策，为管理流程再造和优化提供制度保障，确保流程设计成果的顺利实践和运行。此外，针对烟叶业务模式的分析，则需要上述对应的数字化转型小组牵头，系统梳理业务流程和标准，并统筹推进优化工作，以支撑数字化转型的全面实施。

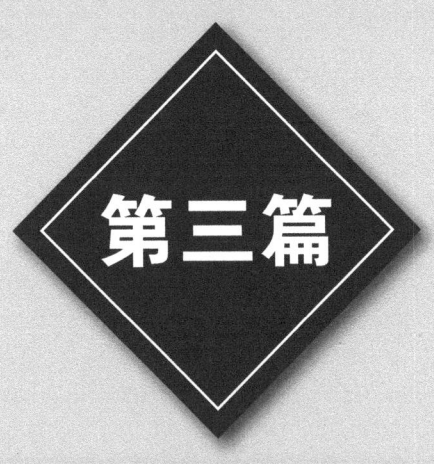

第三篇

烟叶数字化转型建设规划

第6章 烟叶数字化转型整体框架

整体框架是烟叶数字化转型的重要基石，整体框架的搭建起着至关重要的作用，既包含战略层面的规划，也包括战术层面的方法；既包含业务模式的创新优化和业务之间的协作的关系，也包括技术实现的升级变化和技术之间的分层逻辑。本章主要涵盖云南烟叶数字化转型的建设框架和边界界定等内容。

6.1 烟叶数字化转型的建设框架

以稳定烟叶产业基础为第一要务，以高质量发展为引领目标，以融入乡村振兴为使命和责任，依托新一代数字及智能装备技术，开展云南烟叶数字化转型工作。遵循行业"11625"网信规划及行业基础数字技术平台架构和标准，全面无缝对接全国统一烟叶生产经营管理平台。通过不断完善数字化"新基建"打好发展底座，打造云南烟叶数字大脑，建设"1+18"两级协同决策指挥调度管理平台、一站式烟农服务平台和九大烟叶数字化应用场景，形成云南"118191"烟叶数字化转型体系，实现烟叶发展质量变革、效率变革和动力变革，如图6-1所示。

"1+18"：两级协同决策指挥调度管理平台。以烟叶生产全周期、全要素可视、可分析、可决策、可指挥的烟叶数字化集成应用为目标，按需分层次分模块建设涵盖资源要素展现、业务协同管控、专题决策分析、智慧指挥调度（图6-1中为4个模块）等五部分组成的省局（公司）和18个业务主体单位的两级协同决策指挥调度管理平台，坚持"用数据说话、用数据决策、用数据管理"，实现决策管理科学化。

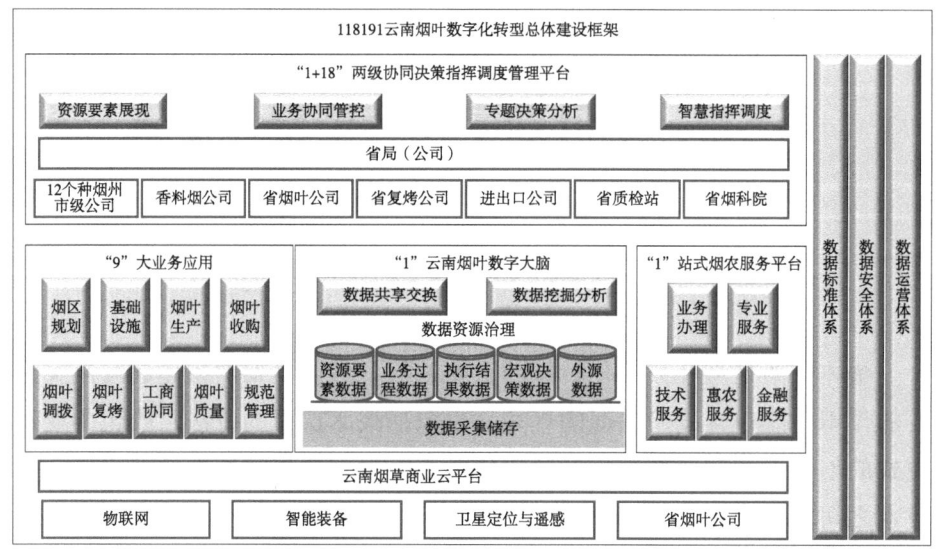

图6-1　云南烟叶数字化转型建设框架

"1"：一站式烟农服务平台。以服务广大烟农和提升服务质量为目标，建设以业务办理、专业化服务、技术服务、惠农服务、金融服务为主的"一站式烟农服务"平台，让烟农轻松种烟，与烟区综合体建设相互融合，构建农业生态伙伴集群，形成烟农数字服务生态体系，为云南省实施乡村振兴战略提供强有力支撑。

"9"：九大烟叶数字化应用场景。以烟叶生产经营业务协同运行、互融互通为目标，坚持统筹谋划，充分结合全国统一烟叶生产经营管理平台，实施推广工作的安排部署。在满足行业统一烟叶生产经营管理要求的基础上，利用数字化技术对烟区规划、基础设施、烟叶生产、烟叶收购、烟叶调拨、烟叶复烤、工商协同、烟叶质量、规范管理九大业务应用板块进行数字化改造提升，实现业务协同一体化，提升管理效率，防范基层廉洁风险、切实为基层减负。

"1"：云南烟叶数字大脑。以烟叶生产经营、管理服务数据资产化、共享化为目标，通过"新基建"完善提升烟叶数字化基础设施服务能力，强化数据采集获取能力，进一步聚焦全程全面烟叶数字化，建设集数据标准规范、数据信息安全保护、数据治理、数据资源管理、数据挖掘分析、数据共享交换于一体的云南省烟叶数字大脑；以标准规范为牵引，结合国家监管要求和行业内外部安全形势，在保障系统安全、数据安全、业务安全和网络安全前提下，实现数据资源有组织积累、开展深层次的数据分析挖掘应用，加强数据在行业内的流动，放大数据业务价值，实现数字资源建设应用体系化。

6.2 烟叶数字化转型的边界界定

6.2.1 与行业内外相关系统的关联关系

遵循国家局"两级主体、协同建设"的基本原则，云南烟叶产业互联网平台的设计既要考虑云南烟叶业务的实际应用需求，又要满足行业宏观管控需求，与国家局烟叶系统进行对接，实现行业信息化和企业信息化的有机融合、协同发展。基于此设计要求，一方面云南烟叶产业互联网平台的设计应与国家局系统形成上下层级的连通，对接国家局烟叶系统，衔接国家局统一的管控应用，确保行业计划、规范有效落实，并将业务过程数据实时反馈到国家局系统；另一方面需要实现与工业企业及行业外相关协同单位（如金融机构、保险机构、国土资源局、税务局、气象局等）的平行互通，满足业务协同和信息共享需要，与国家局、行业内外相关系统的关联关系如图6-2所示。

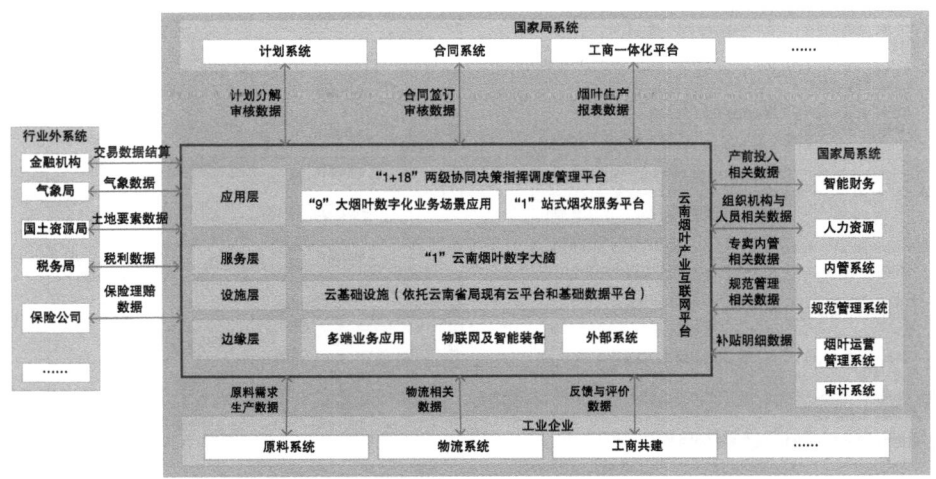

图6-2 云南烟叶产业互联网平台与行业内外相关系统关联关系

6.2.2 平台内部系统业务边界界定及关联关系

（1）界定原则

云南烟叶产业互联网平台体系庞大，业务应用涉及烟叶供应链全周期，对业务边界的明确界定显得尤为重要。结合对烟叶生产管理流程的细化梳理成果及建设蓝图的综合分析，明确了云南烟叶数字化转型中涉及的烟叶业务应用边界的"业务域—用户域—网络域—便捷性"四维度界定原则。

业务域：分析烟叶业务角度分析执行动作所处的业务环节。

用户域：判读执行此业务功能动作的用户是哪类参与主体。

网络域：明确功能是在行业内网范围还是互联网范围。

便捷性：方便用户使用，统一归口，避免多端登录。

最终综合分析4个维度的结果，取交集得出业务应用边界。

（2）九大业务应用边界

烟区规划与基础设施应用业务边界阐述如图6-3所示。

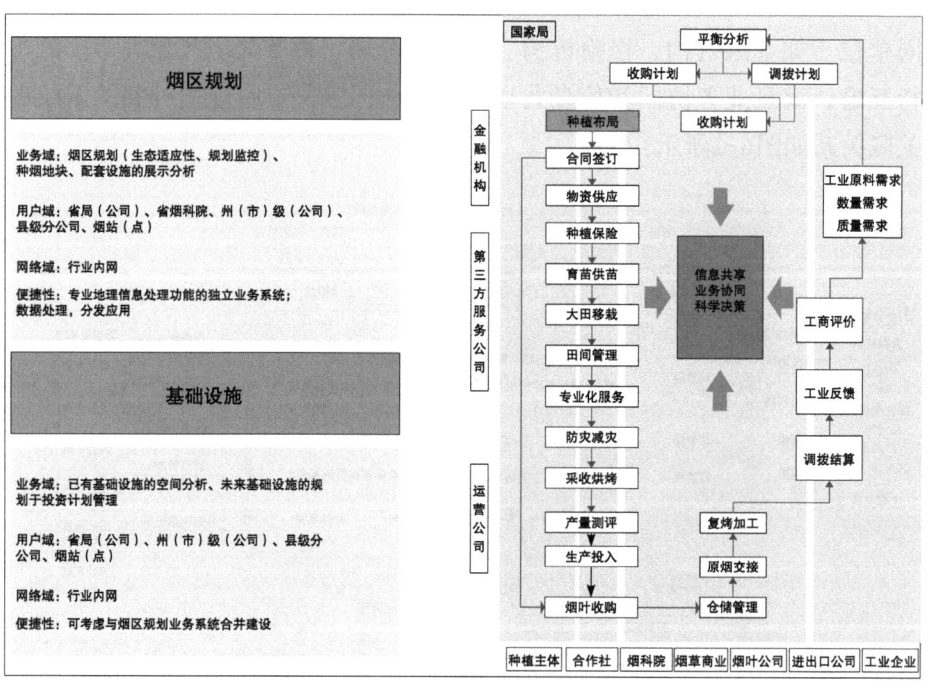

图6-3　烟区规划与基础设施应用业务边界

烟区规划：①业务域为种植布局环节；②用户域涵盖省局（公司）、省烟科院、州（市）级（公司）、县级分公司、烟站（点）；③网络域在行业内网范围；④便捷性上需要使用具有专业地理信息处理能力的数据处理、分发应用软件支撑。

基础设施：①业务域为种植布局环节；②用户域涵盖省局（公司）、州（市）级（公司）、县级分公司、烟站（点）；③网络域在行业内网范围；④便捷性上可考虑与烟区规划业务系统合并建设。

烟叶生产、烟叶收购、烟叶调拨应用业务边界阐述如图6-4所示。

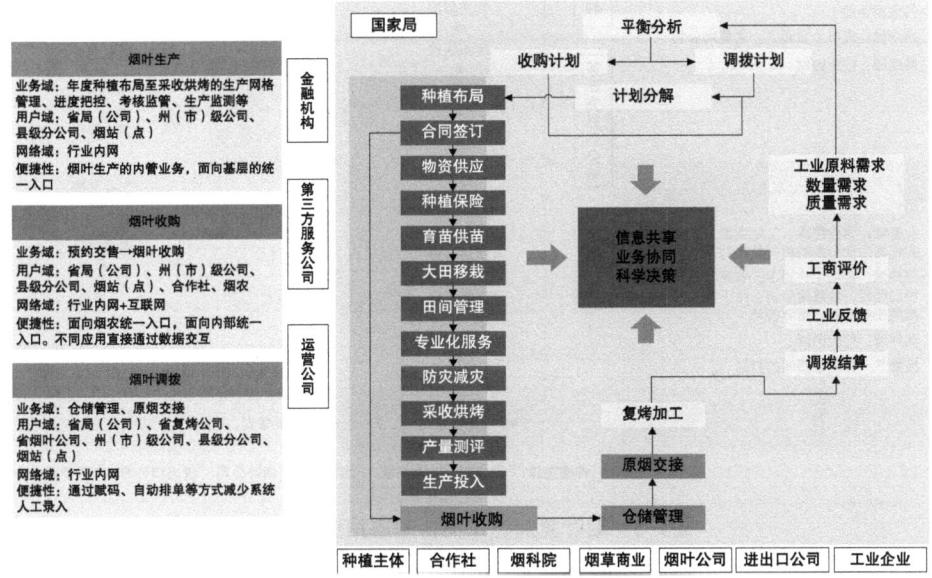

图6-4　烟叶生产、烟叶收购、烟叶调拨应用业务边界

烟叶生产：①业务域为年度种植布局至采收烘烤环节；②用户域涵盖省局（公司）、州（市）级（公司）、县级分公司、烟站（点）；③网络域在行业内网范围；④便捷性上要求统一系统入口。

烟叶收购：①业务域为从预约交售到烟叶收购环节；②用户域涵盖省局（公司）、州（市）级（公司）、县级分公司、烟站（点）、合作社、烟农；③网络域跨行业内网与互联网；④便捷性上要求面向内部统一入口，面向烟农统一入口。

烟叶调拨：①业务域涵盖仓储管理与原烟交接；②用户域涵盖省局

（公司）、省复烤公司、省烟叶公司、州（市）级（公司）、县级分公司、烟站（点）；③网络域跨行业内网；④便捷性上可考虑通过烟包烟筐赋码、自动派单等方式减少系统人工录入。

烟叶复烤、工商协同应用业务边界阐述如图6-5所示。

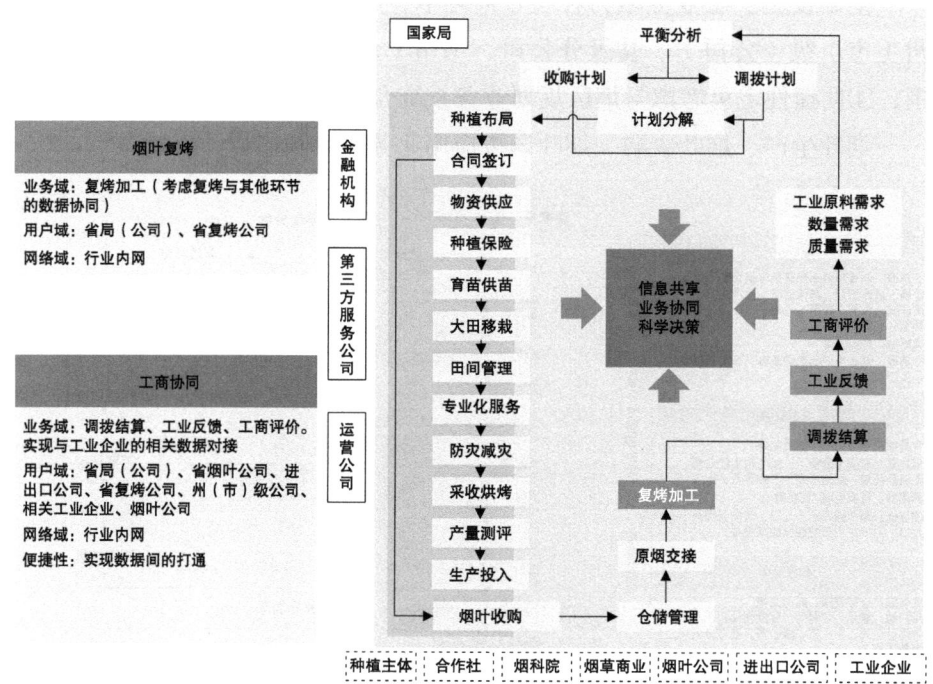

图6-5 烟叶复烤、工商协同应用业务边界

烟叶复烤：①业务域为复烤加工环节；②用户域涵盖省局（公司）、省复烤公司；③网络域为行业内网。

工商协同：①业务域涵盖调拨结算、工业反馈、工商评价等环节；②用户域涵盖省局（公司）、省烟叶公司、进出口、省复烤公司、州（市）级（公司）、相关工业企业、烟叶公司、进出口公司；③网络域为行业内网；④便捷性上要求实现数据共享。

烟叶质量、规范管理、应用业务边界阐述如图6-6所示。

烟叶质量：①业务域涵盖烟叶业务全流程环节（包括STP、农残管控）；②用户域涵盖省局（公司）、州（市）级（公司）、县级分公司、烟站（点）、省质监站、省复烤公司、省进出口公司、省烟科院、省烟叶公司；③网络域为行业内网；④便捷性上要求数据统一汇聚治理并进行定制化使用。

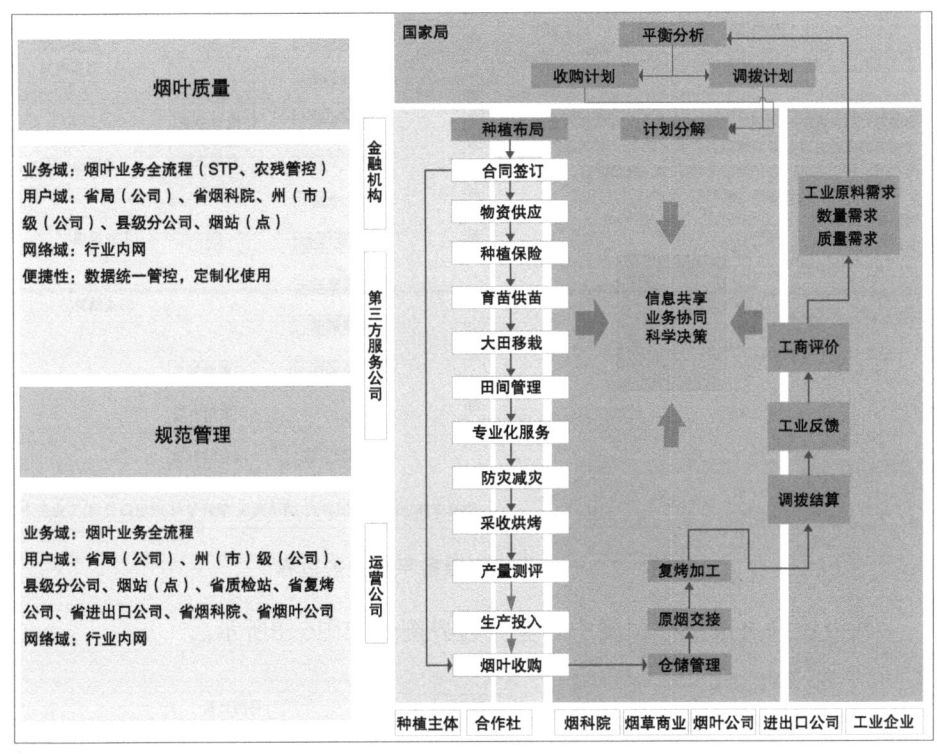

图6-6 烟叶质量、规范管理应用业务边界

规范管理：①业务域涵盖烟叶业务全流程环节；②用户域涵盖省局（公司）、州（市）级（公司）、县级分公司、烟站（点）、省质监站、省复烤公司、省进出口公司、省烟科院、省烟叶公司；③网络域为行业内网。

（3）一站式烟农服务平台的边界

一站式烟农服务平台业务边界阐述如图6-7所示。

一站式烟农服务平台：①业务域涵盖合同网签、物资供应、种植保险、育苗供应、大田移栽、田间管理、专业化服务、防灾减灾、采收烘烤、产量测评、生产投入、烟叶收购环节；②用户域涵盖种植主体、合作社、金融机构、运营公司、第三方服务公司、外部专家、烟科院；③网络域为互联网；④便捷性上要求面向烟农，统一入口。

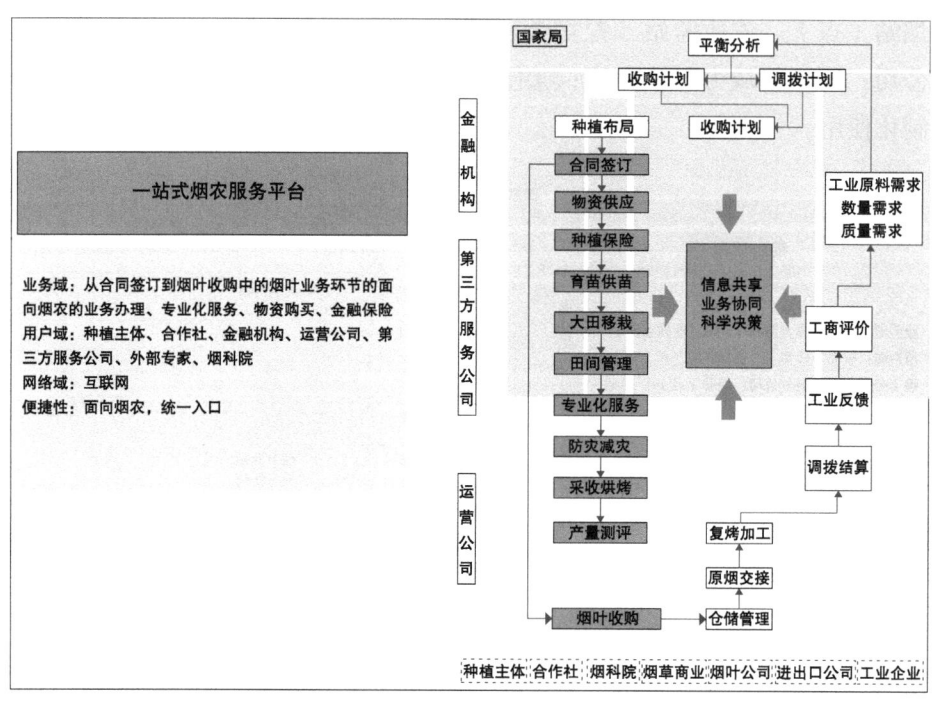

图6-7 一站式烟农服务平台业务边界

两级协同决策指挥调度中心业务边界阐述如图6-8所示。

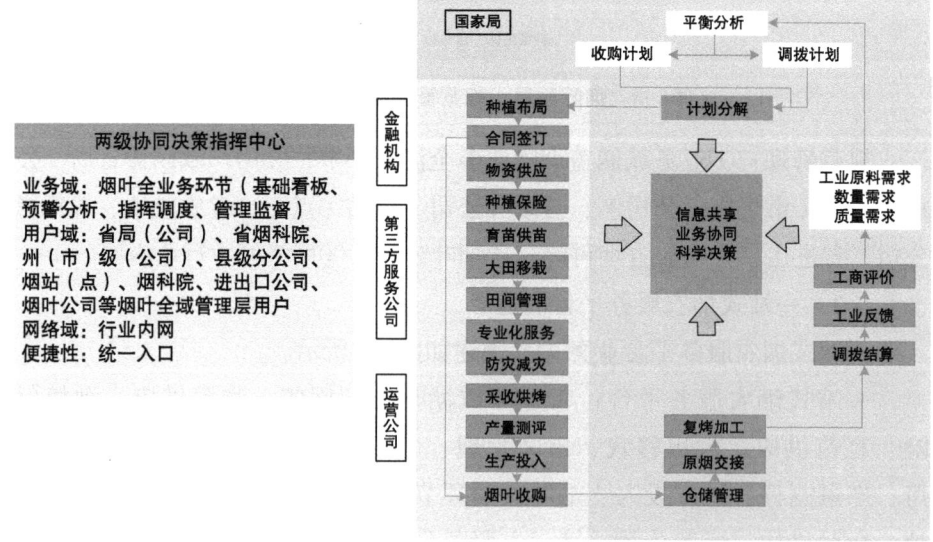

图6-8 两级协同决策指挥调度中心业务边界

两级协同决策指挥调度中心：①业务域涵盖烟叶全业务环节；②用户域涵盖省局（公司）、州（市）级（公司）、县级分公司、烟站（点）、省烟科院、省进出口公司、省烟叶公司等烟叶业务全域管理层用户；③网络域为行业内网；④便捷性上统一入口。

（4）核心业务系统功能协同交互设计

基于总体规划要求，烟叶生产动态管理平台、数字烟区管理系统与一站式烟农服务平台的业务交互如图6-9所示。

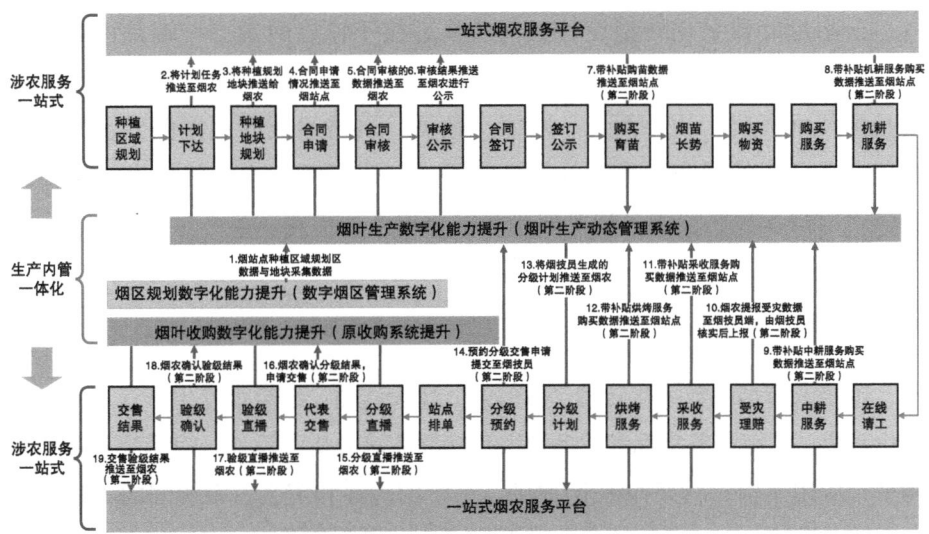

图6-9 核心业务系统交互关系

6.3 本章小结

烟叶数字化转型的建设框架核心在于构建统一的数据标准体系、严格的数据安全体系及高效的数据运营体系。其边界界定清晰聚焦于实现数据的有效汇聚和资源治理。在此框架下，通过整合云平台、核心业务系统、数字大脑、服务平台及决策指挥平台，打通烟叶全业务链条应用系统，最终达成数据资源的深度整合与分析应用目标。

第7章 烟叶数字化转型架构设计

云南烟叶数字化转型设计架构的核心在于连接两端：一端是由烟草公司的人、财、物等各类资源、业务流程、业务模式组成的现实世界，另一端是由技术框架、软件系统、功能、数据、网络组成的虚拟世界，架构是连接烟草公司的现实世界和计算机世界的一座桥梁。本章架构设计主要涵盖应用架构、数据架构、技术架构和安全体系的搭建。

7.1 应用架构

围绕云南烟叶数字化转型"118191"建设蓝图，结合烟叶生产管理流程标准化基线、关键业务指标和业务数字化转型需求分析，设计云南烟叶产业互联网平台应用架构，对架构标准/原则、系统的边界和定义、系统间的关联关系进行统一设计，向上承接数字化转型战略方向和业务模式，向下规划和指导各应用系统的定位和功能设计、数据架构、技术架构和安全体系的设计。

烟叶数字化转型平台应用架构分为应用层、服务层、设施层、边缘层，如图7-1所示。

7.1.1 应用层

云南烟叶产业互联网平台用户体系（图7-2），整体分为内网和外网两大类用户，内网用户包括省局（公司）、州（市）县站点、省烟叶公司、省复烤公司、省进出口公司、省质检站、省烟科院、种子公司，外网用户包括烟农、合作社、供应商、银行、保险公司，不同用户对象访问不同的应用功能可以得到全面的服务保障。

图7-1 烟叶产业互联网平台应用架构

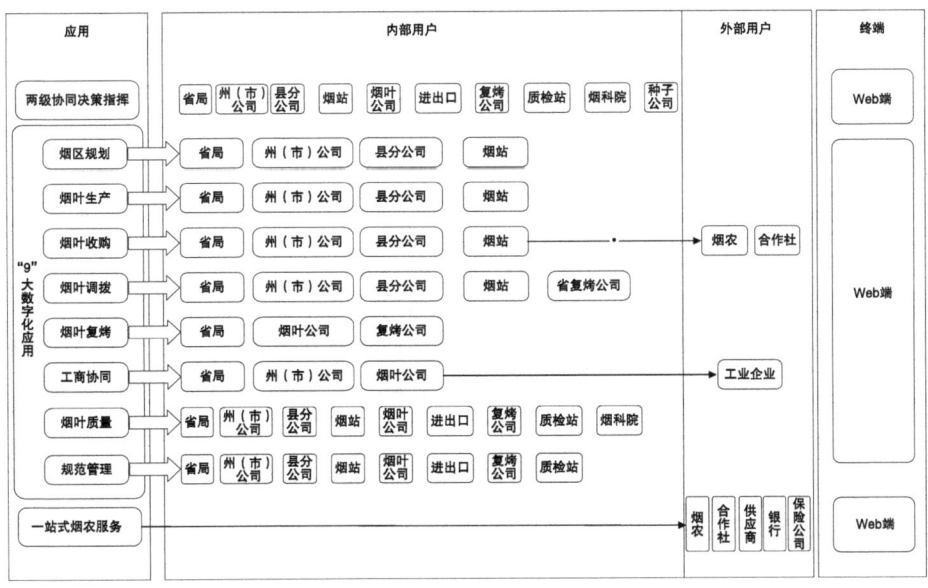

图7-2 烟叶产业互联网平台用户体系

结合"118191"烟叶数字化建设体系,将整体应用分成了"1+18"两级协同决策指挥调度平台、"1"个云南烟叶数字大脑、"9"大烟叶数字化应用场景、"1"站式烟农服务平台,将需要建设的烟叶业务应用能力进行有效整合,通过统一化的管理体系,全面提升云南烟叶生产的管理效率和服务质量。

(1)"1+18"两级协同决策指挥调度平台

构建涵盖基础看板、预警管控、业务分析、决策指挥和管理监督五大功能模块的两级协同决策指挥调度管理平台(图7-3)。

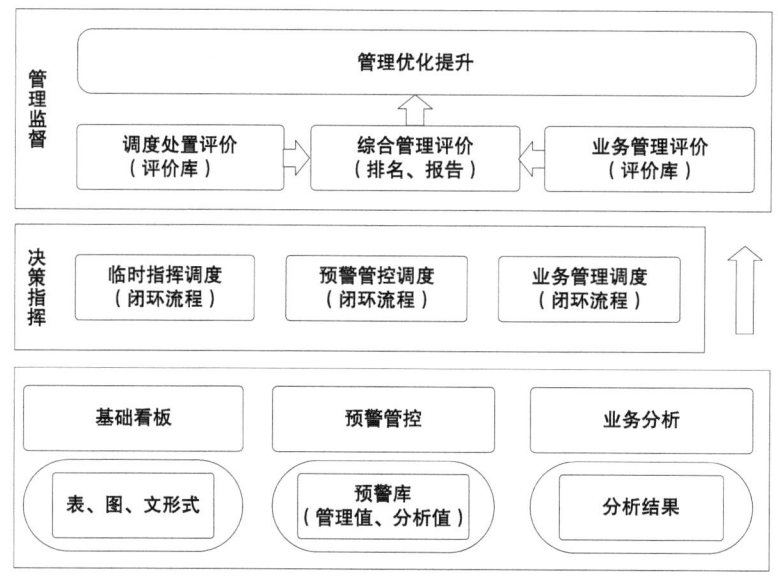

图7-3 "1+18"两级协同决策指挥调度平台应用架构

(2)"9"大烟叶数字化应用场景

构建涵盖烟区规划数字化、基础设施数字化、烟叶生产数字化、烟叶收购数字化、烟叶调拨数字化、烟叶复烤数字化、工商协同数字化、烟叶质量数字化、规范管理数字化"9"大烟叶数字化场景应用能力(图7-4)。

构建烟叶规划/基础设施数字化,主要建设内容包括烟区规划、种烟地块、配套设施、烟区气象、实景监测、数据查询等应用模块。

构建烟叶生产数字化,主要建设内容包括生产网格管理、生产过程管理、补贴验收管理、智能监测管理、生产考核管理、烟区规划管理等应用模块。

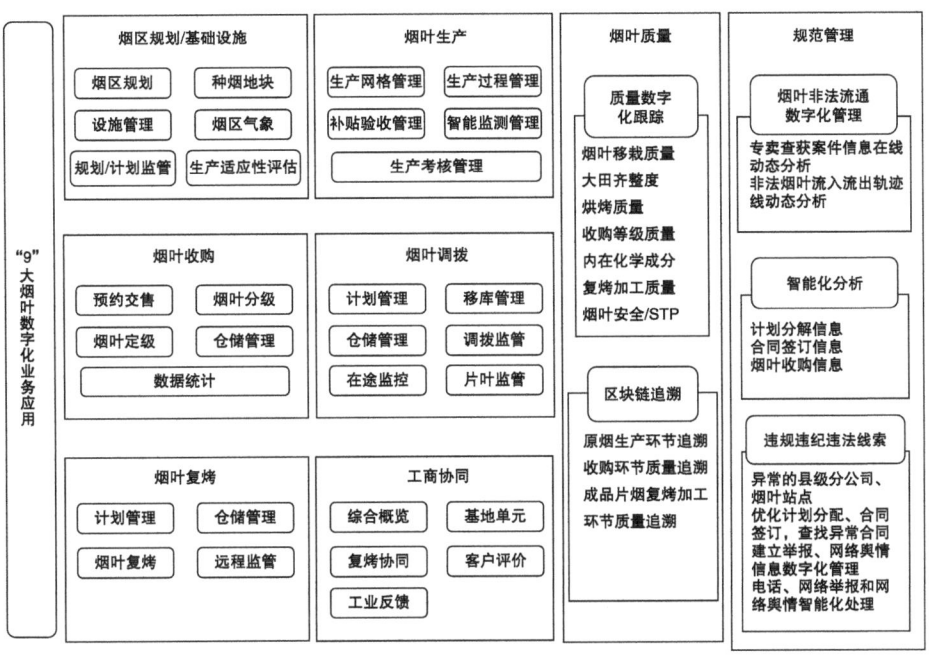

图7-4 "9"大烟叶数字化业务场景应用架构

构建烟叶收购数字化，主要建设内容包括制订收购计划、组织烟叶交售、预约分级交售、定级过磅管理、成包入库管理、数据统计管理等应用模块。

构建烟叶调拨数字化，主要建设内容包括流转计划管理、移库调拨管理、在库管理、原烟交接管理、数据统计等应用模块。

构建烟叶复烤数字化，主要建设内容包括复烤加工计划、烟叶分选管理、打叶加工管理、成品入库管理、远程监管等应用模块。

构建工商协同数字化，主要建设内容包括综合概览、生产协同、复烤协同、工业反馈、客户评价等应用模块。

构建烟叶质量数字化，主要建设内容包括烟叶质量数字化跟踪、区块链追溯等数字化技术等应用模块。

规范管理数字化，主要建设内容包括烟叶非法流通数字化管理、智能化分析、违规违纪违法线索等应用模块。

（3）"1"站式烟农服务平台

构建涵盖业务办理、专业化服务、技术服务、惠农服务、金融服务、基础需求等数字化服务能力的统一烟农服务应用体系（图7-5）。

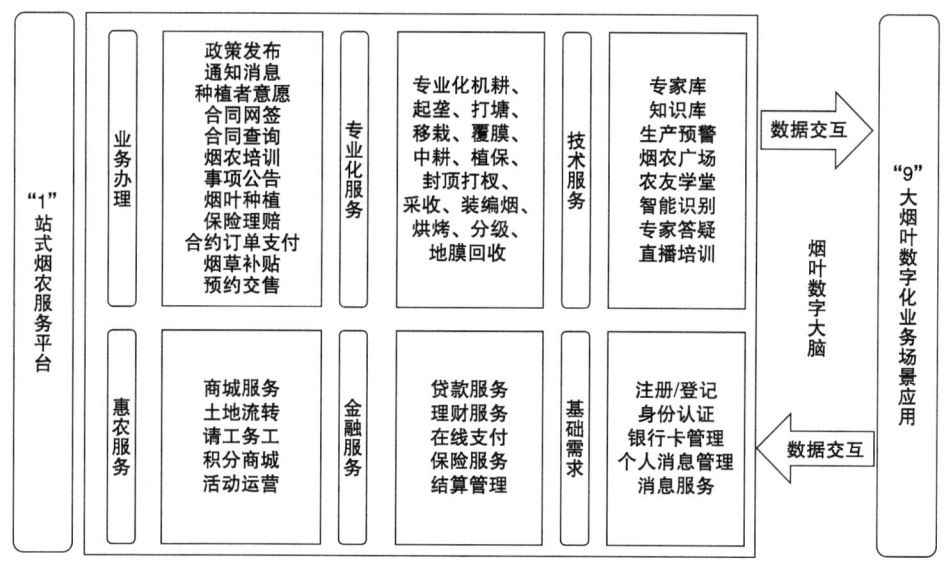

图7-5 "1"站式烟农服务平台应用架构

7.1.2 服务层

"1"个烟叶数字大脑应用架构,构建涵盖烟草农业物联网数据汇聚管理、基础地理信息管理、数据资源管理、AI能力、业务模型、共享交换等支撑烟叶业务场景的大数据应用能力(图7-6)。

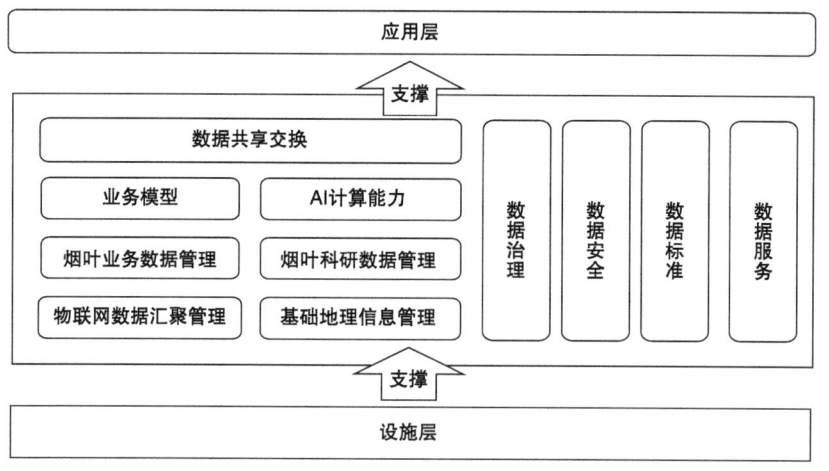

图7-6 "1"个烟叶数字大脑应用架构

7.1.3 设施层

依托省局（公司）现有云服务平台和基础数据平台，完成云服务平台及基础数据平台的基础设施能力提升，为各烟叶应用融入云服务平台和基础数据平台提供基础服务。

7.1.4 边缘层

边缘层是支撑烟叶业务应用数据采集体系构建的重要保障，具体内容包含了多端业务应用、烟草农业物联网设备及智能装备和外部系统。

（1）多端业务应用

主要包括通过移动端、Web端等多端应用实现烟叶业务的数据采集、任务分解、任务跟踪、信息查询和信息互动。

（2）烟草农业物联网设备及智能装备

主要包括育苗物联网设备、大田物联网设备、烘烤互联网设备、智能打包机、烤烟烟叶采收机等烟叶关键生产环节的烟叶物联网及智能装备的部署和应用。

（3）外部系统

烟叶生产过程中为更好的生态协同，主要协同国家局、地方政府、科研院所、金融机构、社会化服务机构等外部系统数据，实现外部数据的采集和互联互通。

7.2 数据架构

根据云南烟叶数字化转型总体目标，结合业务架构和应用架构，设计云南烟叶产业互联网平台数据架构，从烟叶数据角度出发，数据架构分为数据汇聚、数据管理、数据计算、数据应用和数据治理5个方面。

7.2.1 数据汇聚

明确烟叶数据来源，厘清烟叶数据业务域，综合烟叶数据属性、业务应用、使用范围等因素对核心烟叶数据分类，加快形成云南烟叶产业互联网平台数据采集及分布全景。

（1）烟叶数据来源

基于目前云南烟叶数据现状和数字化转型应用需求，分析和梳理数据来源，主要包括四类。

局内业务系统数据：省局（公司）内现有及烟叶数字化转型建设的业务应用系统数据。

与国家局交换数据：需要与国家局相关系统平台交换的数据。

烟草农业物联网设备感知数据：在烟叶生产过程中天空地一体化监控的烟田空间数据、视频监控数据、智能装备作业监控数据、育苗监测、烟田气象、土壤墒情、烘烤环境等烟草农业物联网设备感知数据。

外部数据：来源于工业企业、复烤公司、进出口公司、省质检站等行业内外部单位的相关烟叶数据。

（2）烟叶数据业务域

根据云南烟叶产业互联网平台业务架构和应用架构，结合两者之间关系，梳理出各个业务涉及数据和相互的关联关系，划分出不同的业务领域。

云南烟叶数字化转型数据业务域分别为烟区规划、烟叶生产、烟叶收购、专业化服务、烟叶调拨、烟叶复烤、工商协同、烟叶质量。

（3）烟叶数据分类

云南烟叶数字化转型综合考虑业务应用系统所产生的数据属性、应用性质、处理方式、使用范围等因素，对数据进行分类。同时针对烟叶数据进行生命周期管理和数据质量管理，按照烟叶数据来源、业务域以及服务对象，将云南烟叶数据分为业务化数据、共享数据、基础元数据和计算挖掘数据四类。

烟叶业务化数据：此类数据包括计划、种植优化、烟叶生产、专业化服务、复烤加工、工商协同、生产管理等各个业务产生的数据。

烟叶共享数据：此类数据包括局内共享主数据和对外交换数据，其中局内共享主数据包括烟农、合同、基础设施、烟田地块、组织机构、人员等需要共享的主数据，对外交换数据包括与国家局、工商协同、复烤公司、质检局等外部单位交换的原烟交接、加工进度、质量抽检等数据。

烟叶基础元数据：此类数据是描述烟叶数字化转型过程中产生的各类数据的数据，用于烟叶数字化转型数据标准化和数据建模。

烟叶计算挖掘数据：此类数据包括烟叶生产管理决策指标、数据仓库、数据集市、业务报表、分析报告和模型数据集等用于计算分析和挖掘结果数据。

（4）烟叶数据分布

根据云南烟叶生产管理流程再造和生产场景重塑的需求，结合应用架构设计，从生产流程主线、管理和生产角色3个维度明确云南烟叶数据分布，实现云南烟叶数据分布"一张图"。

7.2.2 数据管理

全面系统地梳理烟叶数字化转型过程中基础元数据和核心主数据，构建适用于云南烟叶业务的元数据模型，加快形成以烟叶基础数据、烟叶业务数据和组织机构为核心的细分类烟叶数据资产目录体系，同时面向烟叶业务主题维度按烟叶生产要素、业务协同、分析决策划分烟叶数据主题域，明确烟叶数据全生命周期及管理策略。

（1）基础烟叶元数据

主要包括基础烟叶元数据模型和元数据管理两个部分。

基础烟叶元数据模型：烟叶基础元数据是烟叶数据的数据，是对烟叶数据的具体描述信息，是烟叶业务信息最基本的数据实体，通过描述烟叶数据实体来表达业务功能，烟叶基础元数据模型要具备可扩展可配置，满足多种聚合的复杂数据关系，因此烟叶基础元数据模型结合烟叶数据类型特点采用核心元数据和扩展元数据组合方式来共同构建统一烟叶基础数据元数据模型。

基础烟叶元数据管理：通过大数据技术对云南烟叶数字化转型烟叶基础元数据进行有效管理，应实现包括元数据采集、元数据维护、元数据变更管理、元数据质量管理、元数据版本管理、标准术语管理、元数据查询、元数据统计、血缘分析、影响分析、差异分析、元数据模型管理和接口服务等功能。

（2）核心烟叶主数据

明确云南烟叶数字化转型过程中各烟叶数字化应用共同使用的核心共享主数据及编码规范，其中按烟叶数据业务域将烟叶核心主数据分为区划类、组织类、人员类、烟叶类、烟田类、主体类、生产类、服务类、金融类、投入类、交售类和工业类。

（3）烟叶数据资产目录

对云南烟叶数据资产的盘点，是挖掘数据价值、驱动烟叶生产管理流程再造的基础，因此基于数据业务域和数据用途，结合业务架构和应用架构的核心需求对烟叶数据资源进行分类，主要包括基础数据分类、业务资源分类、组织机构分类三大类烟叶数据资源。

基础数据分类：基础数据资源包括烟田土地资源、水资源、气候资源、烟叶、烟农、基础设施和其他基础数据。

业务资源分类：包括烟区规划、烟叶生产、烟叶收购、专业化服务、烟叶调拨、烟叶复烤、工商协同、烟叶质量等烟叶业务数据资源。

组织机构分类：包括行政区划、省局（公司）、州（市）公司、县级分公司、烟站（点）等组织机构及人员数据资源。

（4）烟叶数据主题

结合云南烟叶产业互联网平台生产管理流程标准化，在较高层次上将数字化转型过程的数据进行综合、归类和分析利用，形成烟叶数据主题和专题，用于对应一个烟叶分析主题领域进行数据挖掘分析，以此驱动烟叶生产管理流程再造和生产场景重塑。将云南烟叶数字化转型数据主题域按烟叶业务划分为生产要素主题、业务协同主题和分析决策主题。

生产要素主题：包括生态环境、站点布局、烟区布局、种植主体、基础设施、仓储设施、生产服务主体、资金配置等专题。

业务协同主题：包括烟区规划、基础设施、烟叶生产、烟叶收购、烟叶调拨、烟叶复烤、工商协同、烟叶质量、规范管理等专题。

分析决策主题：种植布局分析、轮作分析、烟田基础设施布局分析、种植主体稳定性分析、合同管理分析、烟叶生产环节进度分析、烟叶估产分析、烟叶种植成本收益分析、农残控制、烟叶质量管控、税利指标完成进度等专题。

（5）烟叶数据全生命周期管理

主要包括烟叶数据全生命周期管理策略和管理机制两个方面。

管理策略：随着云南烟叶数字化转型进程的加速，各类烟叶数字化应用不断上线运行，烟叶数据呈现明显大数据趋势，为了更好地存储、管理和挖掘利用数据，需要对数据实施生命周期管理，依据数据的价值与应用的性质划分数据，分别制定相应的存储和管理策略，并建立配套的管理制度，进一步提升业务应用性能和降低运维成本。

管理机制：云南烟叶数字化转型涉及业务范围广，数据资源规模庞大、交互交换多，为避免由于数据管理混乱而使生产管理流程不顺畅的问题，对云南烟叶数字化转型过程中涉及的数据实施生命周期管理，以数据生命周期维度将数据划分为在线数据、近线数据、历史数据、归档数据、消亡数据，明确烟叶数据在其生命周期内的管理流程，实现不同的管理功能和策略机制，建立烟叶数据生命周期管理框架，推动烟叶数字化业务应用对数据进行科学的数据管理。

7.2.3 数据计算

重点围绕烟叶业务主题构建烟叶数据指标模型，形成云南烟叶数字化转型全程数据指标体系，围绕烟叶育种、烟田、烘烤、分级等核心业务数据深入挖掘和模型构建。

（1）数据指标模型

对云南烟叶数字化转型过程中关键核心统计分析、挖掘决策指标进行模型构建，实现规范和统一的各类烟叶数据统计分析决策指标的计算，以此满足云南烟叶数字化业务应用的数据指标共享和数据统计计算的一致性。结合云南烟叶数字化转型业务架构、数据业务域和数据分布，实现生产要素类指标模型、业务协同类指标模型和分析决策类指标模型三大类指标模型。

（2）数据指标体系

结合云南烟叶数字化转型业务架构和指标模型，实现支撑数字化转型过程中生产管理需求和场景重塑的关键核心分析统计指标体系，包括数据指标分类、指标项、统计规则、指标内容等数据指标核心内容。

（3）数据挖掘模型

围绕烟叶业务数据深入挖掘和模型构建是业务数字化转型的关键，通过深度学习、人工智能等方法来解决烟叶业务痛点。在烟叶管理决策、生产技术和烟农服务等领域深度挖掘数据价值，更好地指导和服务烟叶的科学生产，具体开展以下烟叶生产管理数据挖掘模型的构建和相关科研数据集的整合。

云南烟叶种质资源发掘模型：构建云南特色烟叶品种种质资源精准评价模型，主要涵盖烟叶种质品种的表型数据集、核心基因数据集、种质试验环境数据集。

烟田"土壤养分—环境气象—烟叶生长"一体化挖掘决策模型：构建土壤养分时空变化预测模型、烟草产量潜力预测模型、县域尺度土壤养分配方模型、烟田精准施肥模型、烟叶生长模型等，主要涵盖烟田土壤养分数据集、烟田气象数据集、烟叶生长数据集。

烟叶田间生产植保决策模型：构建烟叶病虫害预警模型、烟叶田间生长质量预警模型等，主要涵盖烟叶田间生长全周期的表型及遥感光谱数据集、烟叶病虫害数据集。

智能装备控制模型：构建烟叶采后装编烟、烘烤、分级、打包、调拨运输等智能化设备与烟叶农艺融合应用的机器作业控制模型，包括自动编烟模型、智能烘烤模型、智能分级模型、全自动化打包模型、物流优化模型等，主要涵盖烟草农业物联网设备及装备物联网数据集。

烟农智能服务模型：构建烟农画像、服务分析、满意度评价、智能推荐等智能烟农服务模型，主要涵盖专业化服务基础数据集、烟农基础数据集、服务过程数据集和服务结果数据集。

7.2.4 数据应用

重点围绕烟叶数据服务、共享交换和数据检索3个方面建设，明确烟叶数据服务类型及方式方法，规范烟叶数据共享范围及交换流程，加强烟叶数据检索与应用能力。

（1）烟叶数据服务

面向云南烟叶产业互联网平台上层业务应用统一提供数据应用服务，构建一个可持续扩展、开放式的烟叶领域数据服务出口，对内面向省局（公司）内部各类数字化业务应用，对外面向工业企业、复烤公司、质检局及第三方平台系统提供数据服务应用，实现跨技术平台、跨应用系统、跨组织的业务能力互通，并进一步支持业务能力的统一数字化管理和灵活运营。数据服务主要实现烟叶元数据服务、主数据服务、烟叶资源目录服务、数据检索服务、数据接口服务、标签管理和标签服务、数据分析服务等。

（2）烟叶数据共享交换

云南烟叶数据共享交换利用面向服务的思想设计，通过标准化数据交换语言，基于统一的数据交换接口标准和数据交换协议进行数据封装，打通烟叶数字化转型过程中各个业务应用的数据渠道，实现烟叶基础数据、业务数据、决策分析数据的共享交换，提供必要的数据压缩、加密、解压缩、解密、业务数据传输处理、回执处理等功能，烟叶数据交换如图7-7所示。

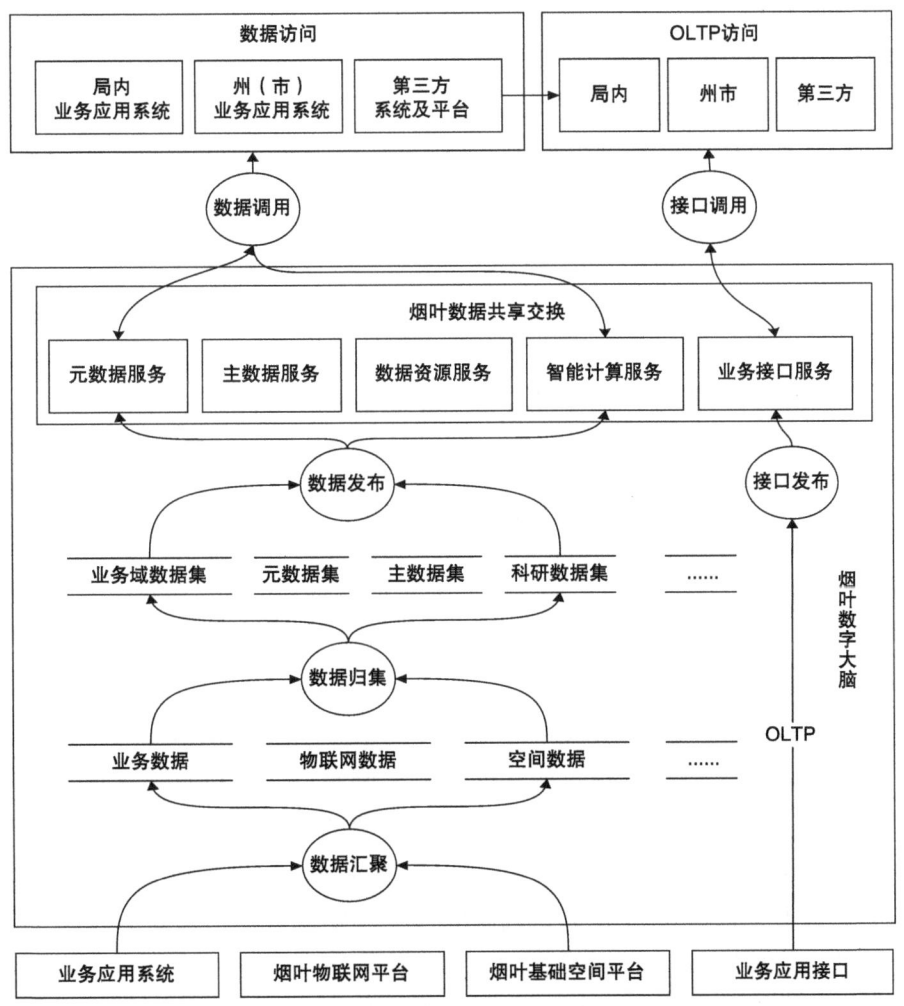

图7-7 各业务应用系统与烟叶数据大脑数据交互流向

云南烟叶产业互联网平台跨系统间数据交换的数据流向统一通过烟叶数字大脑数据服务进行数据的流转和交换，具体流向如下。

数据汇聚：烟叶数字大脑统一对烟草农业物联网设备、智能装备、业务应用、第三方系统和互联网数据进行采集和汇聚。

数据归集：烟叶数字大脑按业务领域数据、物联网数据、空间数据、元数据、主数据和科研数据等各类维度进行数据归集。

数据发布：烟叶数字大脑统一以数据服务的形式对归集的烟叶数据资源进行管理和发布。

数据使用：各类烟叶数字化业务应用和外部平台系统统一通过烟叶数字大脑的数据服务进行数据的使用。

（3）烟叶数据检索

为满足云南烟叶数字化业务应用大量各异的数据检索需求，要求具备灵活、多维度数据集散能力，数据检索分类包括按业务部门分类检索、服务分类检索（元数据服务、主数据服务、目录服务、数据资源服务、分析决策类服务、业务处理类服务）、业务分类检索（烟区规划、基础设施、烟叶生产、烟叶收购、烟叶调拨、烟叶复烤、工商协同、烟叶质量、规范管理等业务）、主题分类检索（生产要素主题、业务协调主题、分析决策主题）。

7.2.5 数据治理

在云南烟叶数字化转型过程中加强数据治理体系及治理机制的认识和建设，加速完善数据管理制度体系、烟叶数据标准体系、数据质量和数据安全建设，形成一套适用于云南烟叶数字化转型并可持续运转的数据治理方法和机制。

（1）烟叶数据管理制度

完善和建立适用于云南烟叶数据全生命周期的管理制度体系，充分结合省局（公司）和州（市）级（公司）组织结构、信息化建设现状和业务、应用架构，实现云南烟叶数据治理、数据标准、数据质量、数据共享等一系列数据管理制度和更新机制的建设，实现数据治理组织及岗位制度、数据治理管理制度、数据标准管理制度、数据质量管理制度、数据安全管理制度、数据共享管理制度、数据全生命周期管理制度。

(2) 烟叶数据标准体系

制定一套满足云南烟叶数字化转型数据需求的烟叶数据标准体系，完成总体性的标准与规范建设，以保证云南烟叶数字大脑的建设规范高效和稳步推进，减少重复投资和互不兼容。通过数据标准的制定，实现对云南烟叶数据资源的全面整合和规范化，具体包括烟叶数据采集标准、烟叶数据资源分类及编码标准、烟叶主数据及编码标准、烟叶基础元数据标准、烟叶数据共享标准规范、烟叶物联网数据接入标准、烟叶业务编码规范建设。

(3) 烟叶数据质量

烟叶数据质量是对满足业务需求和生产管理流程再造的核心数据进行全面质量管理，是云南烟叶数字化转型过程中业务交互、数据挖掘、决策指挥的基础，应通过数据质量相关管理办法、组织、流程、评价考核规则的制定，及时发现并解决数据质量问题，提升数据的完整性、及时性、准确性、规范性和一致性。

通过烟叶数据质量管理，保证数据的完整、准确、合法，并能够与云南烟叶数字大脑融合，及时发现异常数据并进行处理。云南烟叶数据质量管理主要实现数据质量检测规则设置、异常数据处理和数据质量监控报告等核心数据质量管理功能。

(4) 烟叶数据安全

烟叶数据安全应贯穿云南烟叶数字化转型全过程，涉及烟叶数据整个生命周期的管理过程。所有烟叶数据在其生命周期中都应当被有效地安全管理，通过必要的控制手段对烟叶数据进行界定，避免内部非授权的访问，并完善数据安全要求，以保证数据的安全性。

数据安全建设包括数据存储安全、数据传输过程安全，数据一致性、数据访问安全等，主要包含数据安全管理制度、用户管理、数据访问控制、关键数据加密、数据保护、数据库安全、数据审计、数据备份等。从烟叶数据本身的角度建立安全分级策略，针对数据的业务范围、数据的私密性、数据泄露的影响范围等，对数据做不同的安全等级划分，同时要严格遵循国家信息安全等级保护在数据方面的相关规定和技术要求。

(5) 烟叶数据治理机制

云南烟叶数据治理体系通过组建跨部门治理委员会，整合业务与技术资源，构建闭环治理机制。该体系涵盖治理事务处理、平台能力应用、监督监管及统计决策四大核心模块，实现从数据源头到终端的全链路监管，形成常态化治理与动态优化的科学管理体系。

7.3 技术架构

按照云南烟叶产业互联网平台应用架构和数据架构，平台技术架构整体分为边缘层、设施层、服务层、应用层，整体框架如图7-8所示。

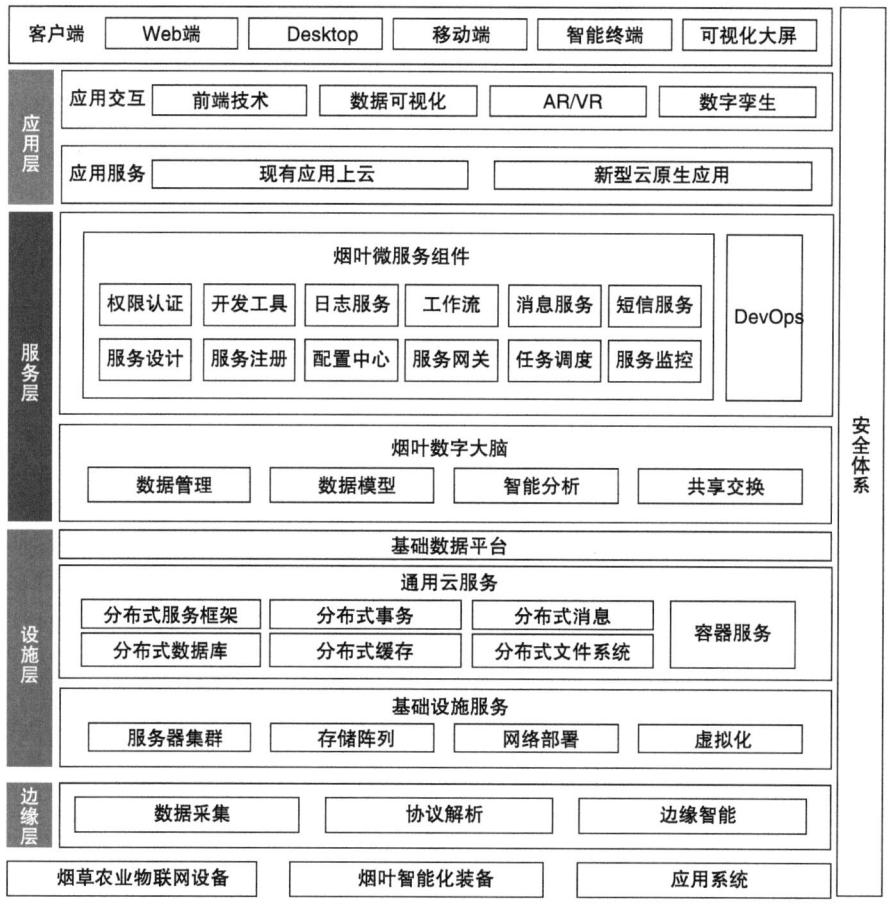

图7-8 烟叶数字化转型技术架构

边缘层用于支撑数据采集、数据传输过程的协议解析及边缘计算等基础能力。边缘层以上依次为设施层、服务层及应用层的前中后端三层整体架构，其中设施层为云南烟叶数字化转型提供服务器、存储、网络部署、虚拟化等云服务基础设施、云化资源管理的通用云服务平台和基础数据平台；服务层包含烟叶数字大脑、烟叶微服务组件和DevOps的业务应用支撑；应用层为云南烟叶生产动态管理平台、一站式烟农服务平台、两级协同决策指挥调度管理平台等烟叶数字化业务应用，通过Web、桌面、移动等终端或设备提供应用操作。

7.3.1 边缘层

数据采集：结合生产数字化场景部署烟草农业物联网设备和智能装备，并通过各类数据采集协议将数据传输到服务端。

协议解析：构建多种协议转换能力，能对HTTP、MQTT、Modbus等主流通信协议进行解析和适配，实现烟草农业物联网设备、智能装备和业务应用等不同来源的海量数据在服务端汇聚。

边缘智能：构建具备本地数据存储、转换、处理、分析等边缘计算能力，实现烟草农业物联网设备和智能装备本地化运算和预处理，缓解服务端压力。

7.3.2 设施层

云南烟叶产业互联网平台技术架构中的设施层设计主要采用基于基础设施即服务设计，依托省局（公司）信息中心现有云服务平台和基础数据平台，把基础设施作为一种服务通过网络服务对外提供基础计算资源。

（1）基础设施服务

云南烟叶产业互联网平台技术架构的基础设施层主要为服务层和应用层提供私有基础设施服务，包括服务器、存储和网络等，设施层在建设上将基于服务器集群、存储阵列、虚拟化等技术进行使用，包含计算虚拟化资源、共享存储资源、融合网络资源、安全防护资源、应用优化资源、统一私有云管理和基础设施使用交付等部分。

（2）通用云服务

依托省局（公司）信息中心私有云提供的虚拟主机、虚拟网络、存储、算力等基础设施能力，提供包含计算资源服务、分布式消息服务、分布式文件服务和容器服务等云化通用服务和管理，为烟叶业务应用和数字大脑的构建从通用性、扩展性、可靠性、安全性和实用性等方面提供全面基础支撑。

（3）基础数据平台

依托省局（公司）信息中心基础数据平台提供数据存储、数据处理、数据管理和数据开发等基础的公共数据管理能力。

7.3.3 服务层

云南烟叶产业互联网平台技术架构服务层以通用云服务为基础，将共性服务、烟叶业务和烟叶数据抽象和沉淀形成服务能力，为云南烟叶数字化应用体系提供通用的、抽象化、流程化的统一服务，实现共性业务抽取、数据互联互通、业务创新快速迭代和数据智能计算。

服务层设计从下至上依次包括烟叶数字大脑、烟叶微服务组件和DevOps三大部分。

（1）烟叶数字大脑

结合云南烟叶产业互联网平台数据架构，采用物联网、大数据和人工智能技术构建包含数据采集、数据存储、数据资源管理、数据计算挖掘、数据服务及应用的烟叶全域数据公共服务层，实现云南烟叶数据全链路高效治理，从而支撑以数据驱动的烟叶生产管理流程再造和烟叶生产场景重塑。

（2）烟叶微服务组件

实现用于支撑烟叶业务构建的统一微服务治理和公共应用微服务。

统一微服务治理：对云南烟叶数字化应用提供统一微服务治理，构建统一微服务治理框架，实现云南烟叶业务应用服务注册发现、通信、控制、监控、安全等服务治理能力的建设。

公共应用微服务：抽象共性烟叶业务服务需求为应用层业务系统提供公共服务支撑，提高资源利用效率。在公共应用服务方面提供流程服务、用户服务、认证服务、权限服务、短信服务、审批服务、资源服务、日志服务、密码服务等用于烟叶业务快速构建的公共服务。

（3）DevOps

依托省局（公司）信息中心统一的开发、部署和运维环境为云南烟叶数字化业务应用的持续交付提供可靠的开发、运维和交付方法，通过自动化软件交付和架构变更流程，使各类烟叶业务应用在持续构建、测试、发布更加地快捷、频繁和可靠。

云南烟叶DevOps支撑业务应用的需求管理、源码托管、持续集成、自动化测试、持续发布、运维监控、任务管理、安全监控、权限管理和日志管理等方面进行统一应用和部署。

7.3.4 应用层

通过充分利用设施层和服务层能力进行"118191"烟叶业务应用功能的构建，实现包括云南烟叶生产动态管理平台、一站式烟农服务平台、两级协同决策指挥调度管理平台等云南烟叶数字化应用的建设。业务应用的建设从技术层面分为应用服务和应用交互两大部分，其中应用服务实现现有应用上云和新建应用云原生构建；应用交互充分利用丰富的前端技术、数据可视化、AR/VR、数字孪生等技术进行业务应用的交互构建。

7.4 安全体系

云南烟叶产业互联网平台信息化安全架构结合技术架构整体设计划分为基础设施安全、平台安全、应用安全和安全监控及安全管理4个层面，具体安全体系框架如图7-9所示。

基础设施安全：基础设施安全主要实现主机安全和网络安全等基础设施安全。

平台安全：平台安全采用加密算法、认证授权方案及安全审计方案，实现数据、平台运行和接口安全。

应用安全：各个烟叶数字化业务应用实现身份认证、访问控制、加密通信、代码安全，以及制定完备的防攻击防御方案和备份恢复方案。

安全监控及管理：在整体安全框架下建设和实现平台的安全监控和管理能力，确保烟叶业务应用系统及平台的安全可控。

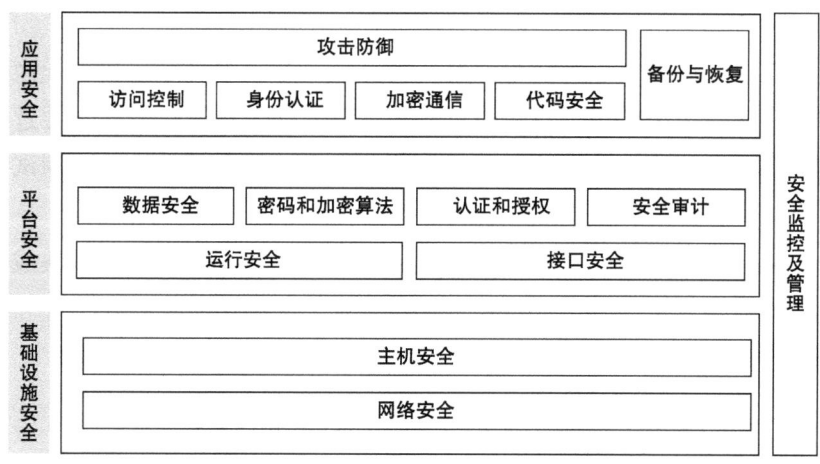

图7-9 信息安全体系框架

云南烟叶产业互联网平台安全等级需要满足二级等保系统安全评测的基础条件，同时符合商用密码应用安全评估的基础要求。

7.5 本章小结

架构设计在烟叶数字化具有举足轻重的地位。架构的两端，一端是由企业的人财物等各类资源、业务流程、业务模式组成的现实世界，另一端是由技术框架、软件系统、功能、数据、网络组成的虚拟世界。

架构设计在云南烟叶数字化转型中的重要性主要体现以下几个方面。

（1）上承战略目标

数字化转型架构设计的驱动力源于云南烟叶数字化转型的问题和需求。

（2）下接技术决策

云南烟叶数字化转型需求和问题明确后，就要明确实现业务目标所需要的技术方法。

（3）控制复杂性

将复杂的问题进行分步或分层拆解，以支持烟叶数字化转型过程中的业务增长和结构重组的灵活性。

（4）明确实现路径

数字化转型不能一蹴而就，还应回答实现业务目标的步骤和方法。

（5）提高交付质量

应考虑实现和运营两个层面的质量特性，例如，实现层面的系统或模块之间的协作性（高内聚、松耦合）、灵活性和可扩展性、适用性和可实现性等；运营层面的性能问题、安全问题、易用性和可靠性问题等。

（6）提供可复用资产

讲求拆解，组件化、模块化，提供结构重组的灵活性，使可复用的资产（组件、应用、服务、数据等）可以最大化进行复用。

（7）行之有效的运营支撑

云南烟叶数字化转型的架构设计不仅关注系统的实现，更关注系统的运营。数字化架构的设计涵盖了应用架构、数据架构、技术架构、安全体系等系统运营所必需的要素，为系统的有效运营提供支撑。

第8章 烟叶数字化转型重点任务

本章基于云南烟叶数字化转型的整体框架搭建及架构设计,通过剖析云南省烟草农业现状,总结分析出推动云南烟叶数字化转型需要建设的重点任务,主要包含烟叶数字化基础设施优化升级、烟叶产业要素数字化建设、烟叶数字化供应能力建设、烟农数字化服务能力建设、数字化决策指挥能力建设。

8.1 烟叶数字化基础设施优化升级

促进烟叶生产可持续发展,关键是提高烟叶综合生产能力;提高烟叶综合生产能力,关键是加强烟叶基础设施建设。基础设施建设是烟叶生产可持续发展的基础保障和坚实后盾[24]。2005年,国家烟草局与烟草总公司正式启动了全国烟叶生产基础设施建设工作,围绕育苗设施、机耕道路设施、烟田土地整理设施、烟田水利设施、农用机械及烟叶调制设施等方面,全国建设近500万个项目,改善了将近5 000万亩烟叶生产环境,为改善烟区生产条件、降低烟叶种植风险、持续稳定增加烟农收入、夯实烟叶发展基础奠定了坚实的基础[25, 26]。

开展烟叶数字化转型首要任务是要加快新型基础设施的建设,构筑产业数字化基础。数字化基础设施与传统基础设施相比,不仅具有公共性、共享性、泛在性等共性特征,更具有数字化、融合化、平台化、生态化、赋能化等专有特征[27, 28]。从演变和发展历程看,烟草产业新型基础设施建设既包括宽带、无线网等数字化基础设施,也包括对传统基础设施的数字化转型和改造。数字化基础设施建设主要有5G、人工智能、物联网、云计算、数据中心等。当前,烟草产业需要重点把握5G建设机遇,积极探索跨区域共建共享机制和模式；基础设施数字化改造要充分发挥投资的最大效能，在处理新型基础设施和传统基础设施建设关系时，既要将二者视为存量和增量的关系，也应注意二者的融合和改造提升关系。

围绕烟叶数字转型、智能升级和融合创新，进一步建设智能敏捷、云网融合、安全可控的综合性烟叶生产数字化基础设施，强化数据自动获取与边缘计算能力，稳步推进烟叶生产数据采集基础设施构建、烟叶生产关键环节智能装备及云基础设施提升，提高物联网在烟叶关键生产环节的覆盖水平，完善数字烟叶"新基建"。

8.2 烟叶产业要素数字化建设

烟叶产业有较长的历史，烟叶生产全链条长，业务场景复杂。随着不同阶段业务发展需求，开发了很多应用系统模块，多种版本、多种集成方式、系统间存在大量复杂的集成和嵌套，这些数据又分别存储在不同数据库中，数据链路呈"长网"状，链路层级较多。同时还保留着各个版本的基础软件和各种不同类型的数据存储环境，导致数据来源多样，独立封装和存储的数据难以集中共享，也不敢随意改造和替换，导致数据复杂、历史包袱沉重。以数字管理为核心的管理理念尚未形成，覆盖全流程、全产业链、全生命周期的数据链尚未构建，外部数据融合度不高，无法及时全面感知数据的分布与更新，导致数据交互和共享风险高。

通过烟叶产业要素数字化建设，稳步提高烟叶数字化转型协同创新水平，构建烟叶数字化标准体系、烟叶大数据平台，实现对不同来源及格式的大数据的存储、管理和分析，提升数据获取、数据管理、数据应用水平，探索面向烟叶生产、经营、管理与服务业务数据的共享、交换、协作和开放。加快提升烟叶生产关键环节的专题数据库、算法、模型等资源的协同应用能力。

8.3 烟叶数字化供应能力建设

按照"破障碍—补短板—强基础"的建设思想，优化存量业务、培育增量业务、应对变量业务。对烟区规划、基础设施、烟叶生产等九大关键业务进行数字化改造，构建九大业务应用数字化提升工程，强化烟叶生产经营关键业务数字化能力。整合现有存量业务信息资源，补齐数字化建设缺失环节，对传统烟叶业务流程进行重组优化，深度融合业务板块，统一交互入口，打通数据壁垒，构建全流程业务闭环的烟叶数字化应用体系。围绕烟叶关键环节，开展关键环节装备智能化提升工程的研究研发，实现烟叶业务环节的减工降本，提质增效。

8.4　烟农数字化服务能力建设

运用互联网经济新业态，引入市场竞争机制，重组资源、再造流程，打造烟叶产区数字农服生态体系，创新融合"一站式烟农数字化服务体系"，积极探索互联网撮合模式的深度应用，提升烟叶产业服务能力，深化生产组织模式变革，整合农村生产资料，降低产业要素信息交互成本、种植主体生产经营成本，打破因地理隔阂、行政管理等导致的信息不对称和信用不传递。打造"烟+N"的产业融合发展体系，大力发展烟区综合体的种植业、养殖业和加工业，促进农村生产、生活、生态融合，助力乡村振兴战略的实施。

8.5　数字化决策指挥能力建设

以大数据为依据，用智能化决策上下游因子，以数字化优化精益管理，引领烟草行业发展新趋势。

数字技术使生产经营透明化、实时化，还能用数据驱动商业决策，使决策科学化。依托一体化智能化云南烟叶大脑及高效协同的业务应用系统，建设两级协同决策指挥调度管理平台，运用数据开展科学决策、精准执行、风险预警、督察督办、绩效评估和服务保障，形成云南烟叶数字化的闭环管理链，推进云南烟叶生产经营核心业务的整体治理与高效协同水平提升。

8.6　本章小结

烟叶数字化转型研究涉及面广，工作体量庞大，重点任务的明确显得尤为关键。本章围绕总体建设目标，从底层往上部署了云南烟叶数字化转型建设工作的五项重点任务。一是优化升级烟叶数字基础设施，加快建设新型基础设施，构筑产业数字化基础；二是烟叶产业要素数字化建设，加快提升烟叶生产关键环节的专题数据库、算法、模型等资源的协同应用能力；三是烟叶数字化供应能力建设，对传统烟叶业务流程进行重组优化，深度融合业务板块，统一交互入口，打通数据壁垒，构建全流程业务闭环的烟叶数字化应用体系；四是烟农数字化服务能力的建设，打造"烟+N"的产业融合发展体系，大力发展烟区综合体的种植业、养殖业和加工业，促进农村生产、生活、生态融合，助力乡村振兴战略的实施；五是数字化决策指挥能力建设，用数据驱动商业决策，使决策科学化。

第9章 烟叶数字化转型重点工程

本章基于云南烟叶数字化转型重点任务的明确（本书第8章），通过剖析云南省烟草农业现状，总结分析出推动云南烟叶数字化转型需要建设的重点工程，主要包含烟叶数据传感新基建工程、基础云服务平台建设提升工程、烟叶数字化标准体系建设工程、烟叶大数据平台建设工程、烟叶数据资源建设工程、烟叶AI算法与模型研发工程、九大业务数字化转型工程、关键环节装备智能化提升工程、一站式烟农服务体系建设工程、两级协同决策指挥调度管理平台建设工程。

9.1 烟叶数据传感新基建工程

信息时代背景下，物联网是各行各业发展的必然趋势，对于烟草行业来说更是如此。可以说，建设和打造烟草物联网已成为当前烟草行业提升行业竞争力的关键所在。物联网的核心任务是实现物与物及人与物之间的信息交互，物联网实现各过程有3个环节[29]。第一个环节是通过各种传感器对各种环境、信息进行整体感知；第二个环节是通过互联网技术及数据传输技术对信息进行稳定传输；第三个过程是采用各种软件对信息进行智能处理。结合物联网技术应用现状及应用案例，物联网技术现已被广泛应用于农、工、商各个行业。

对烟草行业来说，使用物联网传感器技术、电子标签及遥感技术，可以实现对烟叶种植过程的全面感知，对烟叶选苗育苗的科学管理，对烟叶生长过程的精细化作业，对多地域烟田的协同管理，以及提高烟叶烟田的抗灾害能力，从而为实现减害降焦和质量追溯提供强有力的支持。通过物联网技术在烟叶种植生产环节的合理应用，可实现烟叶基地"精准农业"

模式。

开展烟叶数字化转型工作要大力推进烟草农业物联网基础设施建设，重点加强育苗监测、烟田气象监测、烟田墒情监测、烟田虫情监测、烘烤监测、分级收购现场监测、仓储物流监测等烟叶生产物联网监测能力。创新突破关键环节智能装备基础设施，围绕烟田耕整地、起垄打塘、施肥覆膜、烟苗移栽、田间管理、烟叶采收、分级收购等烟叶生产关键环节，重点突破研发质量管控、采烤一体化、烟叶分定级和仓储调拨等关键场景智能化机械装备，实现烟叶生产经营智能化改造。完善时空数据采集手段，以遥感影像为基础，探索适合推广的烟田地块数据采集手段，实现全省烟田地块信息的精准获取；提升存量信息系统的数据共享交换能力，实现业务数据的互联互通；提升数字化基础设施服务能力。

9.2 基础云服务平台建设提升工程

自2005年来，通过行业决策管理系统（一号工程）的建设，行业初步搭建了覆盖国家局、省级局（公司）/中烟公司、地级市公司/卷烟厂三级的信息化基础平台，平台的软硬件资源为包括决策管理系统在内的行业统一应用提供了部署运行环境。随着时间的推移和行业统一应用的不断增加，行业信息化基础平台在资源供给、技术架构和管理能力等方面暴露出诸多问题，难以满足行业信息化进一步发展的需要。为解决行业信息资源平台利用率低、运维管控乏力、技术架构落后等问题，从基于物理资源独占式分配的传统架构向更加开放、弹性、高效、可控的新一代架构转变，构建行业私有云环境，为统一平台的建设奠定坚实的技术基础[30]。

云计算按照服务类型可分为基础架构即服务（Infrastructure as a Service, IaaS）、平台即服务（Platform as a Service, PaaS）、软件即服务（Software as a Service, SaaS）等。不同服务类型的技术成熟度和实现难易度差异较大。从技术发展角度来看，从IaaS、PaaS到SaaS技术的成熟度和应用的广泛度逐步降低，业界对于PaaS和SaaS的概念和方向还存在一些争议，也没有形成统一的技术标准，深度实施风险较大；从行业需求来看，当前重点需要解决资源分散、利用率低、敏捷配置能力不足等问题，以IaaS为主，辅以部分PaaS的叠加模式完全可以解决此类问题；从运维管控角度来看，除资源构建能力外，服务管理水平的提升也很重要，行业目前尚未建立面向服务的管理体系，IaaS和PaaS的服务对象主要是IT的内部用户，有助于减轻初期服务管理水平不足带来的压力。

据此，以数字烟草业务应用场景为导向，充分利用5G、云计算、物联网、大数据、人工智能、区块链等先进的数字化技术，合理利用应用服务器、网络设备、存储设备等资源，进一步构建IaaS层基础设施服务、PaaS层基础技术引擎服务，完善提升烟叶数字化基础设施服务能力，为烟叶数字化转型升级提供全面的支撑保障。

9.3 烟叶数字化标准体系建设工程

通过对采集的海量烟叶数据进行分类归集，建立统一的数据识别标准及数据分类，形成开放共享的烟叶全要素数据资产目录。按烟叶生产全链条流程建设计划管理、合同管理、物资供应、供种育苗、烟苗移栽、大田种植、种烟保险、生产服务、成熟采烤、专业化分级、烟叶交售、调拨加工和销售结算等数据资源分类梳理和目录编制，使离散数据变为"能用、有用、好用"的烟叶业务化数据资产。建立数据标准、数据安全和数据运营体系。围绕数据资源采集、数据资源共享和数据资源应用等数据资源集约化、一体化、资产化的要求，以"标准先行"为原则，建设烟叶数据资源采集技术要求、烟叶数据资源目录编码规范、基础元数据标准规范、烟叶主数据标准规范、烟叶数字化应用系统数据接口要求、烟叶数据安全规范、烟叶数据运营规范和烟叶数据资源共享规范，形成全省烟叶数据资源标准规范体系[31]。强化数据安全保障能力，明确全业务、全流程、全寿命的数据安全责任，重点加强对烟农个人信息、地块信息等行业核心数据的保护力度，构建功能完备、能力领先的信息安全体系。

9.4 烟叶大数据平台建设工程

以数字烟叶业务应用场景为导向，健全多源异构数据汇聚与存储、烟叶数据资源管理、数据挖掘分析服务、数据交换共享服务的建设，完善数据标准、数据安全和数据运营体系。将数据资源进行有效整合、存储、计算、分析、交换、共享，为场景化应用提供数据支撑，实现数据的可视化以辅助人工决策，实现数据的智能化分析以支撑机器决策，形成多源异构数据汇聚与存储能力。完善归集烟区土地、种植主体、生态资源、站点信息、烟基配套、资金管理及烟叶质量等基础烟叶生产要素数据，合理利用物联网、遥感、信息系统接口、ELT、数据库等多尺度天空的一体化数字化采集与存储技术，实现烟叶生产、加工、管理全链条全要素数据的汇聚与存储，开展深层次的数据分析与应用，放大数据对业务的支撑价值，为烟叶业务数字化应用场景与决策指挥调度提供准确数据资源和决策依据，健全烟叶数据资产管理能力。围绕烟叶生产、经营、管理、服务全链条全要素数据、业务过程数据、执行结果数据、宏观决策数据和外源数据，构建标准化烟叶数据资产管理模式，形成云南省烟叶产区地块时空数据库、烟草农业自然资源数据库、烟草农业资产数据库、农户和新型农业经营主体数据库、数字烟草农业信用数据库等烟叶全链条数据资源数据库，打造全面的烟叶全链条数据资源数据库，构建烟叶数据挖掘分析服务能力。

围绕已建、在建规划烟叶数字化业务系统现状，基于物联网、遥感和大数据技术梳理和健全烟叶全要素数据采集、存储、计算、共享、交换技术，建设全生命周期的数据运营体系。

9.5　烟叶数据资源建设工程

基于烟叶数字化标准体系，全面系统地梳理烟叶数字化转型过程中基础元数据和核心主数据，构建适用于烟叶业务和科研的元数据模型及基础元数据体系，明确烟叶数字化转型过程中各烟叶数字化应用共同使用的核心主数据，构建烟叶核心主数据管理和共享的方式方法[32]；基于烟叶基础元数据全面盘点烟叶数据资源，加快形成以烟叶基础数据、烟叶业务数据、烟叶科研数据为核心的烟叶数据资源体系、数据资源仓库及资源目录。同时面向烟叶业务、科研等主题维度按烟叶生产要素、业务协同、分析决策构建烟叶数据资源指标、烟叶数据资源主题和烟叶数据资源专题，并利用大数据技术构建和实现烟叶数据资源全生命周期管理。

9.6 烟叶AI算法与模型研发工程

基于数字烟草生产过程的全链条数据，深入思考生产主体、生产物资、生产过程、生产服务等业务化难点问题，运用大数据和人工智能分析技术[33,34]，融合烟叶生产、业务管理、经营决策的多维度数据进行有效挖掘分析，建设烟叶生产管控模型、烟叶质量分析模型、专业化服务分析模型、烟农画像模型、经营决策模型[35]等智能化烟叶数据挖掘模型[36]，使烟叶大数据中心成为烟叶数字化转型的智慧大脑，真正发挥数据的价值，实现数据驱动烟叶业务的优化和质变。

9.7 九大业务数字化转型工程

（1）烟区规划数字化

基于高清遥感影像地图，提升规划烟区烟田地块信息、气象、土壤、海拔等生态数据的采集汇聚和管理方式，实现数字烟区规划与烟区优化布局，为推进基本烟田永久保护、推动烟粮（菜）轮作，稳定提高耕地质量，为合同网签、网格管理、数字烟叶生产等业务应用场景提供基础土地、生态要素数字化支撑。

（2）基础设施数字化

提升烟叶基础设施数字化管理水平，全面实现全省育苗点、水池、水窖、坝塘、管网沟渠、机耕路、农机、烤房、大型水利工程、烟站（点）等烟叶基础设施信息移动在线采集与信息管理，实现空间布局可视分析，满足烟基项目核销、动态管理、采购类项目到货确认、年度检查验收等功能，为基础设施规划建设提供精准决策支持。

（3）烟叶生产数字化

充分运用物联网、大数据、人工智能等数字化技术，整合计划合同、物资保障、烟叶种植保险等存量生产业务系统，全面实现合同签订、生产网格、生产进度、生产监测、生产考核、补贴核验、业务台账的数字化改造提升。

（4）烟叶收购数字化

基于收购与烟站（点）仓储基础信息在线管理，打通内部收购管理与一站式烟农服务平台的数据通道，实现全省预约交售流程的数字化提升、烟叶称重环节全程视频监控及智能化打包，真实完整反映烟叶收购的实物状态。

（5）烟叶调拨数字化

完善原烟和成品烟移库、调拨信息数字化管理模式，实现烟叶移库、调拨进度在线动态管理；建立原烟仓储信息数字化管理模式，实现原烟仓储货场货位、储量信息在线动态管理；构建烟叶移库、调拨在途数字监管模块，实现调拨业务在线化，调拨车辆指挥优化调度、位置监测、轨迹回放和线路管理等；建立片烟在库仓储、调拨发货数字管理模式，实现片烟信息实时动态追踪。

（6）烟叶复烤数字化

建立复烤加工原烟预约收储数字化管理模式，实现烟叶精准调拨、高效入库；建立烟叶复烤加工信息数字化管理模式，实现原烟收储、烟叶分选、配方备料、复烤加工、成品管理、质量监测全程数字化管控；建立远程数字监督管理模式，满足省局（公司）、工业企业实时远程监督应用需求；实现数据共享开放及复烤业务数据与省局（公司）烟叶大数据中心的互融互通。

（7）工商协同数字化

建立国内、国外烟叶原料销售数字化管理模式，实现烟叶销售数量、品种、等级在线动态分析；建立基地单元数字化管理模式，实现基地单元烟叶销售在线动态分析；建立工商协同工业企业满意度数字衔接机制，实现工业企业质量信息实时反馈、工业客户原料调拨满意度精准洞察。

（8）烟叶质量数字化

建立全省烟叶质量数字化跟踪模式，实现烟叶移栽质量、大田整齐度、烘烤质量、收购等级质量、内在化学成分、复烤加工质量数据实时上传和统一化、标准化管理，为烟叶质量分析监测提供数据支撑；建立健全烟叶质量追溯模式，探索区块链等数字化技术的深度应用，按照烟叶类别，实现原烟生产环节、收购环节质量追溯和成品片烟复烤加工环节质量追溯，为烟叶质量持续提升提供精准信息支撑。

（9）规范管理数字化

建立烟叶非法流通数字化管理模式，实现专卖查获案件信息和非法烟叶流入流出轨迹的在线动态分析；实现对计划分解信息、合同签订信息、烟叶收购信息的智能化分析，找出异常的县级分公司、烟叶站点，优化计划分配、合同签订，查找异常合同，查找违规违纪违法线索；建立举报、网络舆情信息数字化管理模式，实现烟叶相关电话举报、网络举报和网络舆情的智能化处理。

9.8 关键环节装备智能化提升工程

烟草田间生产过程复杂、劳动强度大，现代烟草田间生产作业环节一般包括育苗（播种、施肥、剪叶、灌溉）、耕地（松土、翻土）、整地（碎土、平地）、起垄、覆膜、移栽（打穴、灌溉、施肥）、中耕管理（施肥、灌溉、除草、培土、病虫害防治、打顶抹杈）、揭膜、采摘、运输、编烟、烘烤、分级扎把及清除烟秆等环节。烟草的田间生产机械化是转变烟叶生产方式、实现烟叶生产现代化的一个重要载体，是现代烟草农业建设的一项重要内容，是稳定烟草种植规模、增加烟农收入的有效途径。近年来，烟草行业努力实现烟叶生产方式现代化，大力推进烟叶田间生产的全程农机化，在整地理墒、移栽、采摘等一些劳动强度大、用工多的环节，推进机械化生产装备的研发和推广应用，减工降本增效的效果明显。其中育苗环节（包括烟草育苗播种机、烟草育苗剪根机、烟苗剪叶机、苗盘清洗机等智能装备）、烟田整地与移栽环节（包括应用平地机装备、起垄打塘作业装备、移栽机等智能装备）、中耕管理环节（包括应用水肥一体化设备、无人机农药喷洒装备、培土机等智能装备）、烟叶采收烘烤环节（包括全自动烟叶采收机、烟叶编秆机、拔秆机、智能化烤房、扎捆机等智能装备）、分级收购环节（包括烟叶自动分级作业装备、烟叶智能打包作业装备等智能装备）。

创新突破关键环节智能装备基础设施，围绕供种育苗、烟田耕整地、起垄打塘、施肥覆膜、烟苗移栽、田间管理、烟叶采收、分级收购等烟叶生产关键环节，重点突破研发质量管控、采烤一体化、烟叶分定级和仓储调拨等关键场景智能化机械装备，实现烟叶生产经营智能化改造。

9.9 一站式烟农服务体系建设工程

基于"烟叶数字大脑"底座，围绕"创新强农、服务助农、协调惠农、绿色兴农"发展理念，以服务广大烟农和提升服务质量为目标，运用新一代互联网服务经济模式、数字化技术及多种应用终端，融合烟农、合作社、烟草商业、金融机构、平台运营方和第三方服务机构等，打造烟叶服务系统。以业务办理、专业化服务、技术服务和惠农服务、金融服务为主线，搭建业务办理便捷化、专业服务产品化、线上交易透明化、服务评价市场化、烟草投入规范化、技术指导在线化、增值服务多样化的一站式烟农服务平台，深化生产组织模式变革，降低种植主体生产经营成本，提升产业服务效率和规范化水平，促进烟区生产、生活、生态融合。

9.10 两级协同决策指挥调度管理平台建设工程

围绕"118191"体系架构，构建涵盖基础看板、实时预警、业务分析、指挥调度、管理评价五大功能模块的两级协同决策指挥调度管理平台。

（1）基础看板

分层级对全省"烟区规划、设施配套、烟叶生产、烟叶收购、烟叶调拨、烟叶复烤、烟叶质量、工商协同、规范管理"九大核心业务信息进行展示。

（2）实时预警

建立实时预警指标体系库，结合管理要求，分层级对烟叶生产、烟叶收购、烟叶调拨、规范管理业务过程中的风险事项进行实时预警管控。

（3）业务分析

聚焦九大核心烟叶生产经营核心业务，分层级对业务进行专题分析，为业务管理调度提供支撑。

（4）指挥调度

以实时预警事项、业务分析结果及临时管理需求为前提，构建烟叶生产经营预警管控调度、业务管理调度和临时指挥调度管理模块，实现五级主体高效协同指挥调度。

（5）管理评价

构建预警处置评价、分析事项评价、业务结果评价管理评价体系，分层级逐级进行评价，为优化提升管理提供支撑。

9.11 本章小结

针对烟叶数字化转型的五大重点任务，配套部署了烟叶数字化转型十大重点工程。本章分别从烟叶数据传感新基建、基础云服务平台建设提升、烟叶数字化标准体系建设、烟叶大数据平台建设、烟叶数据资源建设、烟叶AI算法与模型研发、九大业务数字化转型、关键环节装备智能化提升、一站式烟农服务体系建设、两级协同决策指挥调度管理平台建设10个方面进行重点工程的阐述。

第10章 烟叶数字化转型应用场景

"十四五"是我国做强、做大、做优数字经济的关键时期,促进数字技术和实体经济融合(简称"数实融合")是数字经济发展的重要内容。在数字中国战略的引领下,数字化应用场景建设并不是新鲜事物,智慧出行、智慧医疗、智慧城市、智慧政务、智慧电商、智慧物流等数字化场景早已融入生活的方方面面,促成了我国数字经济的快速发展。

近年来,烟草农业产业链围绕"技术—数据—生态",逐步提高数字技术基础研发能力和数字基础设施连接能力。烟叶数字化转型发展是实现烟草农业产业与数字技术深度融合的重要途径,也是烟草行业发展"数实融合"布局的重要版图[37]。当前,烟叶数字化转型的场景构建已驶入"快车道",无论是国家烟草局还是地方烟草局,都在纷纷探索数字技术在行业领域的应用场景,可以说烟叶数字化转型已经进入了"场景为王"的发展阶段。

在本规划中,烟叶数字化转型坚持以"小切口、大场景"为突破口,按照"聚焦问题、谋划场景、创新破题、展望未来"的思路推进烟叶数字化应用场景建设,全面推进信息科技与烟草农业的深度融合,加快形成烟草农业产业链数字化生态协同机制,推动供应链、产业链上下游企业间的数据贯通、资源共享和业务协同,提升产业链资源优化配置和动态协同水平。

10.1 智能育苗工厂

10.1.1 智能育苗工厂场景构建的必要性

(1)场景构建需求

依靠人工监管和控制干预是我国大部分烟区烟苗培育作业的普遍现

象。尚未实现烟苗质量、苗棚温湿度、苗池营养状况、供苗进度等业务环节的实时监测和管理,育苗效率低下,操作过程中存在生产流程不规范、质量标准执行不统一、供苗质量不均一等问题。

(2)场景构建目的

实现烟草育苗环节的数据自动采集、汇聚与统计。利用物联网采集终端和智能生产设备实现烟苗过程的温湿度调节、施药施肥、剪叶、供苗中数据实时传输并进行自动化操作,减少大量人工投入,提高管理效能[38-40]。应用智能装备实时监测烟苗质量、苗棚温湿度、苗池营养状况、供苗进度等数据,并推送至生产动态管理平台,管理层通过系统内的可视化装备和监测结果进行线上管理考核。

实现烟草育苗环节的服务专业化和考核在线化。改变以往的管理方式,优化了人员配置,实现服务专业化和考核在线化,以此提高均质化生产水平和优质壮苗供应能力。实现育苗管理智能化,优化管理流程,减少考核管理人员岗位;机械化替代人工操作,减少了管理过程中人工操作岗位;数据自动统计取消了数据统计员岗位。借鉴了无人超市模式,做好防疫措施的同时减少人员接触,烟农自取烟苗不存在育苗点人员扣苗、换苗情况。

实现关键作业环节的决策指导。实现烟草育苗过程中育苗数量、育苗进度等数据的汇总统计,对育苗关键数据进行分析,支持关键作业决策指导。建立育苗管理数字模型,应用智能装备进行精准、高效、智能管理,根据监测结果进行温湿度调节、施药施肥、剪叶等自动化操作。

10.1.2　智能育苗工厂场景创新构建图景

突破烟苗生长营养模型,提升育苗设施环境智能化调控水平,持续融合创新,开展智能育苗工厂试点,探索育苗过程的精细化智能化管理。

近期场景创新规划。针对烟草育苗依靠人工作业、生产效率低、缺乏自动化育苗装备、设施环境控制粗放、育苗空间利用率低、育苗过程数字化程度低等问题,研究自动播种、间定苗、施药、剪叶技术和自动化生产模式,研究育苗场所、漂浮盘的自动化消毒技术和消毒机器人,建设现代化、规模化烟草育苗工厂。探索立体育苗模式,研究不同层间区域温、光、水、肥、气、热等多源动态数据智能采集技术与装备。开展烟苗培育营养信息传感器、烟苗生长状况采集和育苗环境智能调控装备研究。构建针对不同服务主体的烟草育苗专题数据库,积累烟草育苗大数据资源池。研制集烟苗生长营养模型和设施环境智能化调控于一体的烟叶育苗管理系统。

中长期场景创新规划。持续调优烟草育苗数据模型,实现对育苗过程中温、光、水、肥、气、热等数据的实时、精准分析判定,建立设施育苗生产数字化管控平台,推送烟草育苗智能决策方案。通过对无土育苗基质消毒、营养液循环再利用技术装备、可降解漂盘等的研究与开发,解决烟草育苗智能化与生态化紧密结合的设施设备关键技术。开发设施育苗智能农机全场景定位与导航技术,研发或改进适宜烟草育苗生产需求的成套电动无人驾驶装备,实现育苗作业环境现场感知、作业状态实时监测、作业过程自适应调控、作业故障实时报警,建设无人垂直育苗工厂。

10.2 烟叶生产动态管理

10.2.1 烟叶生产动态管理场景构建的必要性

(1)场景构建需求

烟叶大田生产管理相对粗放,存在烟叶种植水、肥、药的精准施用技术普及率低,移栽、中耕、采收等环节的机械化落地应用困难,病虫害识别、灾害预警、作业监管、品质监测评估等技术手段落后等问题。

(2)场景构建目的

实现烟叶种植数据采集与共享,支撑关键核心技术的协同攻关。基于"烟田"网格化管理技术体系,实现"天—空—地"多尺度烟田"四情"信息获取与烟田环境信息感知。长期有序积累支撑烟叶病虫害识别、水肥施用决策、品质预估、灾害预警、质量溯源等关键技术研发与集成创新的数据资源。

实现烟叶种植关键环节的智能监测和作业服务。加强烟叶大田种植的作业机械智能化提升关键技术和装置研发,推动烟叶生产机械化作业适度规模化发展,提高生产效率和作业质量。

实现烟叶生产经营活动向"产品数字化、生产智能化、服务全网化"转型升级。形成以田块数据为核心驱动要素的管理体系，促进以"烟田"为核心的烟叶生产基础资源汇集，打破以往以"人"为主的管理模式，推进烟叶生产经营方式全方位、全角度、全链条改造，实现烟叶生产经营的精准管理。

10.2.2 烟叶生产动态管理场景创新构建图景

推动软件与装备融合、农艺农机融合，建设下一代云南烟叶生产数字化管理系统，推动全省示范应用，进一步实现管理流程再造和生产场景重塑。

近期场景创新规划。针对烟叶种植水、肥、药施用技术落后，机械化作业困难，病虫害信息采集规范性差、识别率低、诊断难度大等问题，搭建"天—空—地"多尺度烟田"四情"信息获取网络与烟田环境信息感知技术体系。基于数字土壤技术，挖掘烟田海量土壤养分与时空变化特征，为烟叶生产主体提供基于目标产量和烟叶品质的测土配方服务。按照"以水带肥、以肥促水、因水施肥、水肥耦合"的技术路径，根据不同烟区气候特点和水资源现状，研究面向规模化烟田的水肥一体化技术与设施设备，为烟叶生长创造良好的水、肥、气、热环境。研究基于定量遥感反演、图像分割、边缘检测、斑点分析等技术的烟叶病害特征提取算法，不断构建、完善烟叶病虫害识别模型，研发烟叶病虫害信息快速获取便携式设备和系统。

中长期场景创新规划。基于软硬件技术升级、融合，通过烟叶生产感知、分析、执行技术持续迭代演进，打造"下一代烟叶生产管理操作系统"，进一步实现管理流程再造和生产场景重塑，实现数字技术与管理融合，实现农机农艺融合。持续优化基于"烟田土壤数据—烟株本体数据—气象数据"的烟叶生长模型，研究适应不同地形和生产规模条件的多类型烟叶智能移栽、变量施肥、自动采收等智能装备，根据烟叶产量和烟田养分分布情况自动生产作业处方图并自动作业，提高施肥的科学性、准确性，大幅提高生产效率和烟叶质量，降低劳动强度。针对规模化烟田精准喷药的需求，重点研发高穿透性喷雾技术、超高地隙自走式底盘技术、作业过程机电液中央控制技术等核心技术。基于远程自动控制、智能化自动识别等技术，研究烟田无人驾驶、自动配药、自动规划、自动补药、自动换电的航空喷洒自动值守系统，提升无人机作业效率和精度。

10.3 数字烘烤工厂

10.3.1 数字烘烤工厂场景构建的必要性

（1）场景构建需求

目前，烟叶烘烤环节主要是根据烘烤技师的人为经验判断烟叶质量，自行设计烘烤工艺，同时根据多年的烘烤经验对烘烤过程的温度、湿度、时间等影响因素进行调控。整个烟叶烘烤过程严重依赖人工主观技能，劳动强度大，且烟叶烘烤质量标准难以统一。

（2）场景构建目的

实现烟叶烘烤过程中物联网环境的实时监测和调控。依靠物联网温湿度、图像等烟叶烘烤传感设备，实时监测和判别烟叶烘烤状态，通过烟叶智能监测设备对烟叶素质变化情况实时调整烘烤曲线。

实现跨区域的烟叶烘烤大数据综合管理。对烟叶烘烤基础设施、人员配置、烤房配置等烘烤要素进行跨区域的综合管理。面向不同层级的烘烤管理人员和烟农，提供烘烤数据监测、烘烤模型推荐、烘烤历史记录、工艺执行评价、烘烤技术指导、托管自动烘烤等个性化服务。

10.3.2 数字烘烤工厂场景创新构建图景

聚焦烤前、烤中、烤后烟叶素质变化机理研究，建设人—机—物协同的数字烘烤运行模式，开展数字烘烤工厂建设试点，不断提升烟叶烘烤数字化水平。

近期场景创新规划。针对烟叶烘烤高度依赖技术人员的主观经验、烟叶烘烤的多源数据关联分析模型缺失、基层人员劳动强度大、作业技术规范难执行、烘烤损失率高、管理效率低等问题，基于现有信息技术，构建烟叶烘烤监测网络，实时、精准获取影响烟草烘烤质量的关键指标参数，构建基于大数据统计的地区经验模型，形成烟叶烘烤质量指标体系，并和现有烘烤管理体系结合，迅速研判烘烤问题类型，提高烘烤管理效率和技术执行到位率。基于5G、物联网、图像分析、视频流边缘计算、时序分析预测等技术，突破烟叶烘烤多源数据获取及关联分析瓶颈，构建基于烟叶烘烤动态时序数据的烟叶烘烤工艺模型，支撑烟叶烘烤过程的实时监测预警与精准调控。基于云计算、区块链等技术搭建烟叶烘烤大数据综合管理服务平台，从烘烤数据监测、烘烤模型推荐、烘烤历史记录、工艺执行评价、烘烤技术指导、托管自动烘烤等方面提供个性化服务，提升烟叶烘烤服务和管理质量。

中长期场景创新规划。研究烤房智能设备与烟叶本体的分布控制、决策与演化算法，实现烤房智能调控，打造无人看守烤房。开展大型烤房群智能化升级，研发基于"云边端一体化"服务的智能化管控、数据挖掘与自进化学习等技术，实现烤房群智能化作业的多优先级调度与运行，实现自适应烘烤策略选择与自主优化。研发基于新一代通信技术的实时可视化烤房群运维管理系统，支持对烤房装备及控制系统的实时远程监测、异常识别及全生命周期的健康诊断。基于数字孪生的烟叶烘烤仿真优化技术、多源异构环境感知技术、执行设备集成控制技术、图像自采识别技术，研制烟叶智能烘烤从人员管理、资源分布、大田烟叶状况，到算法模型、数据库、智能装备的全套体系，形成智能烘烤的人—机—物协同运行与共享机制，进而实现工业定制烘烤，以数字烘烤支撑数字配方。

10.4 自动化收购调拨

10.4.1 自动化收购调拨场景构建的必要性

（1）场景构建需求

烟叶收购是烟叶生产经营的一个重要环节，直接关系企业、政府及烟农切身利益。现阶段，烟叶收购调拨环节存在烟叶收购效率低、烟叶质量不可追溯、烟叶定级受人工干扰大、烟叶仓储管理粗放等问题，对烟叶收购的质量和收购的公平性造成影响[41]。

（2）场景构建目的

实现烟叶收购调拨自动化技术与装备的集成应用。针对烟叶分级、烟叶打包等收购环节的关键环节,研制烟叶智能化分级机、打包机、抓取机、运输机等作业装备,集成研制烟叶仓储过程的环境自动化监测和远程调控系统装置,逐步构建支撑烟叶收购流水线作业的成套装备。

实现烟叶收购流程精简化管理与烟叶质量溯源。优化烟叶收购流程,创新应用烟叶物流管理技术和移动互联技术,按照少人化、智慧化的烟叶收购调拨管理要求,探索烟叶收购流程的精简化管理模式,减轻收购阶段各方主体的劳动强度。支持数据在管理人员和烟农之间、收购调拨的各环节之间的无缝衔接。

10.4.2 自动化收购调拨场景创新构建图景

加快烟叶收购、烟包仓储调拨软硬件一体化工作进程,建设自动化收购调拨示范区,以点带面不断扩大自动收购、无人仓储、智能调拨场景的示范应用范围。

近期场景创新规划。针对烟区在烟叶收购、烟叶成包、仓储环节装备自动化智能化程度低、劳动力成本上升等共性问题,开展现代烟叶少人化、无人化收购、成包、仓储集成应用技术研究。突破基于流程标准化和前后环节相互制约的批量烟叶定级技术体系和管理体系,开发不规则烟叶全自动成包、烟包自动分类堆放、仓储环境智能调控、自动识别抓取出库等烟包智能仓储共性关键技术;研制面向烟站(点)的烟叶分定级、流转、打包、仓储、调运等关键智能装备;基于烟叶管控指标,形成烟叶存储环境调控与烟包自主流转策略;打通数据屏障,针对从烟农预约入场到收购入库,从烟叶成包到调拨出库全环节,开发基于面向烟站(点)的自动化烟叶收购仓储调拨管理系统。

中长期场景创新规划。尝试工商一体化的、基于配方需求的烟叶收购指标体系,降低工商多次分级的冗余。在不改变烟叶包装物的条件下,基于烟叶收购、仓储、调拨的特点,研发能适用于烟叶仓储环境的大跨度桁架机械臂,实现机械臂的前后、左右、上下三坐标的高速穿梭,搭载机器视觉与3D视觉引导相关设备,实现机械手对烟包自上而下的自由柔性抓取。基于RFID射频技术,配置烟包输送机,研制能实现烟包出入库赋码与自动读取功能,实现烟包调拨的数字化。基于烟叶仓储环节的特点,研制适用于仓储环节的温湿度控制系统、烟雾报警系统、视频监控系统、质量追溯系统、自动排风系统，实现仓储环境调节的智能化，形成高效智能安全的烟叶仓储技术与管理体系。

10.5 雪茄烟透明供应

10.5.1 雪茄烟透明供应场景构建的必要性

（1）场景构建需求

我国雪茄原料种植规模不大，主要种植区域为海南、湖北、四川、云南和贵州等地区。雪茄烟产品具备高附加值属性，其对原料的品质要求更高，农户种植雪茄烟的收益相较于普通烤烟也更高。为了满足雪茄烟高端品牌建设和市场推广，雪茄烟供应过程的透明化的数字管理需求越来越迫切。

（2）场景构建目的

实现雪茄烟基于数字技术的品牌打造和产品溢价。对雪茄烟原料烟叶的种植、加工、流通等产业链条数据进行采集、汇聚和可视化展示，让原料"数据"成为雪茄烟品牌增值的关键要素[42]。

实现定制化的雪茄烟智慧管理与营销。面向不同层面的雪茄烟消费群体提供个性化的预售和现售服务，灵活集成雪茄烟大田生产、加工、流通等环节的技术和装备，提升雪茄烟智慧管理水平，形成以信任消费为导向的雪茄烟精准生产、透明供应、文化传导机制。

10.5.2 雪茄烟透明供应场景创新构建图景

建设数据驱动的优质雪茄精准生产、透明供应和信任消费体系，构建消费导向的雪茄生产体系，打造雪茄烟透明供应行业样板，加快提升雪茄供应链现代化水平。

近期场景创新规划。基于物联网、大数据、人工智能、移动互联等技术，打造雪茄智能生产、透明供应、信任消费体系。围绕预售替代现售、提高产品溢价打造数字化支撑体系，实现雪茄从优质优品向优质优价的升级，把烟区生态优势转化为产品优势。研发雪茄烟智慧生产管理系统，实现雪茄烟叶大田生产和加工生产过程的在线化、标准化、便捷化管理,有序积累雪茄烟数字化和高标准生产管理过程的大数据;研发应用茄衣原料无损分级分类技术装备,实现原料优质优价。工商协同构建雪茄烟信任消费与透明供应系统,基于移动端面向不同客户人群提供雪茄烟现售和预售模式,推送雪茄烟全产业链履历、品牌标识与产品文化等内容,升级雪茄烟营销网络,打通消费者与企业之间的双向交流渠道,形成以"双链"大数据为支撑、以信任消费为导向的雪茄烟精准生产、透明供应、文化传导机制,增强雪茄烟从原料到成品的品牌效应。

中长期场景创新规划。构建雪茄烟智慧供应链,工商协同打通雪茄种植、加工、储运、交易、消费、增值的数据链,研究物联网、大数据、知识图谱等技术支撑下的雪茄烟客户需求感知与分析预判系统,并"以需定产"打造高端定制的柔性生产体系、文化体系和保藏增值体系,构建覆盖市场、生产、物流、服务全过程的供应链大数据全域模型和知识库,实现雪茄烟供应链资源动态优化、产销协调库存优化、多环节技术定制、全流程供应链管控。研发基于知识单元的营销服务内容资源自动编目、雪茄烟客户需求内容关联与智能识别匹配等技术与工具系统,反向生成雪茄烟产品生产、营销指导手册,提升产品质量和个性化定制营销水平。

10.6 普惠烟农服务

10.6.1 普惠烟农服务场景构建的必要性

(1)场景构建需求

基于数字技术及"互联网"思维开展普惠烟农服务体系建设,培育和发展以生产托管为代表的烟叶生产性服务业,引领烟农融入现代烟草农业产业链,有利于解决烟农散户种植、标准不统一与规模化、均质化烟草工业原料需求之间的问题,同时也缓解了近年来烟田面积不稳、烟农流失等诸多矛盾,是激发烟农生产积极性、构建现代烟草农业经营体系的主要手段[43]。

(2)场景构建目的

实现烟草农业社会化服务水平提档升级。推动烟草农业社会化服务内容、服务方式和服务手段的创新，推进信息化、智能化同烟草农业社会化服务的深度融合，便于烟叶生产新技术、新装备、新模式的推广应用。

实现烟叶生产各主体及要素资源共享。通过共享的理念、创新的机制、信息化的手段，在更大范围内整合烟草农业存量资源、盘活各类要素，实现烟草农业产业链生态资源的共享利用、效率提升。推动烟叶生产各类服务主体的组织重构、模式创新和协作共赢。

10.6.2 普惠烟农服务场景创新构建图景

加强跨界合作创新，与内外部生态合作伙伴共同探索，形成融合、共生、互补、互利的合作模式和商业模式，培育供应链金融、网络化协同、个性化定制、服务化延伸等烟草农业社会化服务新功能，创造互利共赢的生态价值。

近期场景创新规划。构建烟草农业生产专业化服务平台，整合市场优质专业化服务资源，探索线上个体烟农用工服务撮合模式，实现线上集体劳务派遣；依托合作社构建完善的在线技术服务体系，结合新兴起的信息传播模式与技术，实现对烟农的种烟技术指导与培训，实时解答烟农农技咨询，落实烟农技术评价体系，提升烟农种烟水平；创新农资服务方式，发展"农资+"技术服务模式，推动农资销售与技术服务有机结合；以烟农专业化服务平台为载体，引入烟农普惠金融、保险等服务资源，拓宽服务渠道，增加有效供给。

中长期场景创新规划。实现针对不同用户的烟草农业生产服务智慧化管理，支持在烟草农业生产过程中进行服务数据采集、专业方案配置、作业质量评价，为不同需求的烟农提供精准化、个性化服务，帮助生产主体深度了解并把控烟叶生产的关键节点，基于互联网、大数据、云计算、区块链、人工智能等信息技术，提高烟叶生产水肥药施用、病虫害识别、灾害预警、品质评估等综合服务能力，彻底解决烟农散户想做而不能做、不敢做的生产性技术难题。以现代烟草农业生产技术和装备的推广应用为驱动，加强服务平台生产主体与高等院校、职业学校、科研院所的深度合作，不断升级烟叶生产的技术创新应用水平。强化烟草农业产业生态圈的平台思维，不断建立健全烟区综合信息服务体系，丰富科技、农资、金融、保险、就业、技术培训、非烟商品等涉农信息服务内容，全面推进烟区综合产业和乡村生活的数字经济建设。

10.7 数据化决策指挥

10.7.1 数据化决策指挥场景构建的必要性

（1）场景构建需求

近年来，烟叶主产区的烟叶数字化转型工作纷纷开始推进，系统独立、数据分散、缺乏统一管理，是很多烟草企业需要面临的重要问题。随着市场进程的加速、业务的扩展，企业数据量呈现指数级增长趋势。创新构建基于烟叶生产大数据的决策指挥场景，可提升烟草农业全产业链获取数据、分析数据、运用数据的能力，支撑烟叶生产跨层级跨部门的决策指挥。

（2）场景构建目的

实现烟叶生产数据驱动战略导向。建立基于烟叶生产大数据决策的新机制，运用数据加快烟叶生产各层级组织变革和管理变革，加速强化烟草农业相关生产主体、服务主体和管理主体的数据思维重建，提升全产业数据认知水平，增强利用数据创新各项工作的本领。

实现烟叶生产各级领导及不同部门的联动指挥调度。充分利用烟叶生产大数据资源，支持开展基于历年数据的烟叶生产发展趋势分析、进度监测，便于及时审视烟叶生产过程中的重大问题，并针对性地向目标用户提供个性化、可视化的知识推送服务。满足各级管理人员及不同部门之间的协同会商与指挥调度，实现烟草农业产业人财物等资源的灵活配置，提升产业综合管理水平。

10.7.2 数据化决策指挥场景创新构建图景

不断强化烟草农业产业的数据思维意识，形成不同组织间的数据协同应用机制，构建多级烟叶生产协同决策指挥调度管理平台，推进烟草农业科学指挥决策的数字化发展程度，实现烟草农业产业要素资源的智能化管理与配置。

近期场景创新规划。不断完善数据化决策指挥体系，实现生产计划从年度周期性管理，向实时获取、智能分析、全程可视、量化评估的智能管理转变；组织体系从传统行政性管理，向发现问题、预测问题、分析决策、解决问题的正向优化管理转变，筑牢烟草烟叶"自然禀赋+数字内涵"新优势，促进烟叶产业高质量发展。通过物联网、大数据、知识图谱、用户画像、时序分析、语义分析等信息技术的不断研究应用，进一步进行数据治理、数字模型、表达输出的深度开发，不断增强其分析计算能力、数据挖掘能力、指挥决策能力，成为促进数字化转型整体升级的有效工具和增强云南烟草组织管理效能的重要抓手。

中长期场景创新规划。将烟田、烟站（点）、农机、农技、农资投入、专业化服务、水利、气象、金融、烟农等烟叶生产数据资源的进一步汇聚整合，采用云计算、物联网、人工智能、数字孪生、GIS、VR/AR等先进技术，构建高度智能化和自主化的烟叶生产决策指挥系统，实现防灾减灾、病虫害预警、品质监测、仓储物流、质量追溯等业务领域的从精确化管理向智能化管理过渡。

10.8 本章小结

本章内容坚持以"小切口、大场景"为突破口，按照"聚焦问题、谋划场景、创新破题、展望未来"的思路，聚焦烟草农业的育苗、种植管理、烘烤、收购、雪茄烟营销、烟农服务、数据化决策指挥7个方面，通过分析场景构建的必要性、厘清场景构建目的、提出场景创新图景的近期及中长期规划，依次构建了智能育苗工厂、烟叶生产动态管理、数字烘烤工厂、自动化收购调拨、雪茄烟透明供应、普惠烟农服务、数据化决策指挥七大数字化应用场景，可为烟叶数字化转型的实施推进提供较好的指导和借鉴。

第四篇

烟叶数字化转型实践探索

第11章　烟叶数字化转型实施计划

烟叶数字化转型实施计划的合理性、科学性是影响数字化转型成功的重要因素，本章烟叶数字化转型实施计划涵盖了针对云南省烟叶现状所明确的项目群设计及实施主体设计、项目优先级设计原则、建设计划安排、建设风险管理及运营管理设计。

11.1　项目群设计及实施主体设计

为加快云南烟叶数字化转型工作进程，依据《云南省"一部手机种好烟"建设方案（2021—2023年）》总体要求，按照"118191"烟叶数字化转型升级体系，根据实际情况，从项目群管理角度，将项目分为决策指挥中心、数字化应用体系、基础设施、科学研究四大类。其中"决策指挥中心"是围绕"1+18"两级协同决策指挥调度管理建设配套的软件平台项目；"数字化应用体系"是围绕九大业务应用与一站式烟农服务平台配套的建设、提升及运营项目；"基础设施"包括烟叶数字大脑相关软硬件及物联网基础设施的配套建设；"科学研究"是围绕云南烟叶数字化转型过程中亟须的标准制订、模型算法建设项目，以及科技成果的应用示范与推广项目。

实施主体：为有效推进烟叶数字化转型工作，以工作领导小组为核心，成立工作专班，其中烟叶数字化转型规划组负责数字化转型整体工作规划制订与进度把控工作，项目实施管理组负责项目执行过程的管理工作。另设9个业务需求组，分别包括一站式烟农服务平台项目组、烟区规划及生产动态管理平台项目组、决策指挥调度管理平台项目组、工商协同数字化项目组、烟叶调拨数字化项目组、烟叶质量数字化项目组、基础设施数字化项目组、烟叶复烤数字化项目组与信息技术项目组。各工作小组在数字化转型工作领导小组办公室的统一领导下开展工作,如图11-1所示。

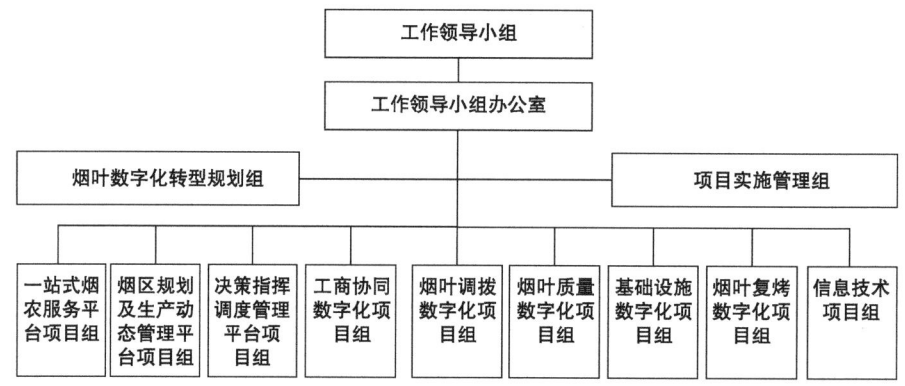

图11-1　烟叶数字化转型规划设计工作组织架构

11.2　项目优先级设计原则

结合云南省局(公司)烟叶数字化转型现状,充分考量业务需求、实现效率、成本投入及系统关联关系等因素,在工程实施优先级上将总体遵循"急用先行、协同推进"的原则(表11-1)。

表11-1　项目群及子项目优先级清单

序号	项目群	子项目	优先级
1	决策指挥中心	"1+18"两级协同决策指挥调度管理平台	高
		烟叶生产远程可视平台	高
2	数字化应用体系	一站式烟农服务平台建设与运营	高
		云南烟叶生产动态管理平台	高
		云南数字烟区管理平台	高
		基础设施	中
		烟叶收购	中
		烟叶调拨	中

（续表）

序号	项目群	子项目	优先级
2	数字化应用体系	烟叶复烤	中
		工商协同	中
		烟叶质量	中
		规范管理	中
3	基础设施	烟叶物联网平台及基础设施建设	高
		云平台扩容及升级迭代	高
		云南烟叶大数据中心	
		烟叶数据管理制度建设	
		烟叶数据标准建设	
		烟叶物联网平台	高
		基础地理信息平台	
		烟叶数据资源平台	
		数据共享交换平台	
4	科学研究	烟叶生产数字化转型标准体系研究	高
		烟叶生产数据获取关键技术研究	中
		烟叶生产关键环节算法模型研究	中
		烟叶生产智能装备关键技术研究	中

11.3 建设计划安排

云南烟叶数字化转型建设计划按"基础试点—平台完善—转型见效"3个阶段开展工作。

11.3.1 第一阶段（基础试点阶段）

第一阶段是云南烟叶数字化转型基础试点阶段。建设重点是补齐信息化建设短板，奠定数字化转型基础，构建数字化转型框架的核心框架。重点推进烟叶核心业务系统与基础支撑平台建设。

（1）数字化转型总体设计与规划

"云南烟叶数字化转型实践路径研究项目"聘请外部专家团队，组织省局（公司）数字化工作专班进行云南烟叶数字化转型顶层规划与设计工作，梳理两级协同决策指挥平台、一站式烟农服务平台、烟区地块数字化、烟叶生产数字化、烟叶收购数字化建设需求；"云南烟叶数字化转型项目群项目管理服务项目"启动云南烟叶数字化转型项目群一年期管理服务。

（2）项目工程建设

九大业务应用数字化建设及提升工程（烟叶数字化供应能力建设）：开展云南省数字烟区地块采集项目、云南省一站式烟农服务平台建设项目、云南省一站式烟农服务平台运营项目、云南省烟叶生产动态管理平台建设项目、云南省烟叶收购上云项目。完成各大平台建设的需求调研、评审、立项与研发，并选择试点地区进行推广应用。对现有烟叶收购管理平台进行数字化改造提升，推进九大业务场景数字化提升。

11.3.2 第二阶段（平台完善阶段）

第二阶段是云南烟叶产业互联网平台完善阶段。建设重点是全面支撑业务转型的需要，发挥数据价值。

（1）数字化转型总咨询

"云南烟叶数字化转型实践路径研究项目"聘请外部专家团队，组织省局（公司）数字化工作专班进行云南烟叶数字化转型详细设计工作，梳理各项目建设需求，对项目建设内容与交付内容进行监督与管理；"云南烟叶数字化转型项目群项目管理服务项目"完成云南烟叶数字化转型项目群一年期管理服务。

（2）项目工程建设

完成云南烟叶数字化转型两级协同决策指挥调度管理平台建设项目总体框架建设；完善一站式烟农服务平台功能以及全省的试点推广运营工作；完善云南省烟叶生产动态管理平台全部功能的搭建工作，包括补贴验收、智能监测、STP融合、生产可视化、接口预留等功能，以及平台在全省的推广工作。完善数字烟区管理平台及改造提升工程。开展烟叶调拨数字化提升项目,完善原烟和成品烟移库、调拨信息数字化管理模式、原烟仓储货场货位、储量信息在线动态管理模式。融入全国烟草生产经营管理一体化平台配套项目建设,启动云南烟叶大数据平台建设工程(云南省烟叶物联网数据平台建设项目、云南省烟叶数据传感设备配套建设项目、云南省烟叶大数据平台提升改造项目、云南烟叶数字化转型智能化基础支撑平台、云南省烟草云平台扩容配套支撑软件项目、云南省烟草云平台扩容设备采购项目)。

(3)科技创新

"烟叶数字化发展重点标准研制"选择烟草农业重点环节、领域、地区开展标准试验验证和试点示范,加快烟叶数字化标准在行业内的推广应用。"云南烟草农业科研数据资源体系构建"构建云南省烟草农业科研大数据中心暨全国烟草农业科研大数据云南分中心。"烟草育种表型信息获取关键技术研究与装备集成研发"搭建烟草育种大数据获取设施平台,为烟草育种提供便捷、高效、综合的数据获取服务。研发推广烟草育种表型信息获取技术装备,实现烟草育种海量表型性状数据高通量获取。"少人化烟草育苗工厂成套技术装备研发"开展烟草育苗规模化、少人化设施农业技术与装备的集成应用。"烟苗移栽关键部件及智能作业机具研制"重点突破烟苗移栽打塘、浇水、取苗、放苗、施肥、覆膜等关键技术瓶颈,研制烟苗精准移栽、柔性取/放苗、水肥同步、定位计数等关键装备部件,提升农机农艺融合水平。研发智慧烟苗移栽监管平台,实现对烟苗移栽装备的同步监管。"烟叶收获关键部件及智能作业机具研制"构建鲜烟叶成熟度判别模型,提高烟叶的采净率、降低烟叶的破损率。开发面向烟叶采收专业服务的管理与决策模块,实现对烟叶采收装备的精准管理及指挥调度。"烟叶智慧烘烤关键模型与精准管理平台构建"构建烟草烘烤过程监测网络,实时、精准获取影响烟草烘烤质量的关键指标参数;构建智慧化烟叶烘烤工艺曲线指导模型,搭建烟叶烘烤大数据综合管理服务平台,提供个性化烟叶烘烤过程监管、模型推荐与优化等服务。"雪茄烟自动分级模型优化关键技术与装备集成研发"研究面向烟叶分级设备的数据处理与智能控制算法加速器,建设烟叶识别模型的"学习库"和"评价库",优化烟叶分级识别模型。"烟叶智能仓储关键技术和装置研发"研制不规则烟叶的全自动成包、烟包自动分类堆放、自动识别抓取出库等烟包智能仓储关键技术及装备，构建烟叶仓储环境物联网监测网络和远程调控模块，实现烟叶仓库环境信息和烟垛内部环境信息的实时监测，全面提升烟叶仓储智能化管理水平。

11.3.3 第三阶段（提升见效阶段）

第三阶段是云南烟叶数字化转型提升见效阶段。建设重点是完善数据支撑体系，构建数字化应用场景。

（1）数字化转型总体监理工作

"云南烟叶数字化转型实践路径研究项目"聘请外部专家团队，对项目建设内容与交付内容进行监督与管理；"云南烟叶数字化转型项目群项目管理服务项目"完成云南烟叶数字化转型项目群一年期管理服务。

（2）项目工程建设

两级协同决策指挥调度工程（数字化决策指挥能力建设）：完成两级协同决策指挥调度平台建设项目的立项与研发，初步具备一定的数据洞察能力，将工商协同、烟叶质量、规范管理数字化建设融入建设任务中。完成一站式烟农服务平台迭代升级，达到基本形成"互联网+现代农业"模式的烟农数字服务生态体系，激活烟叶生产活力的目标，持续开展一站式烟农服务平台运营工作。更新数字烟区地块采集数据。完成云南省烟叶大数据平台的升级改造。

（3）科技创新

"集中连片高标准烟田精准生产技术及智能装备集成应用与示范"搭建"天—空—地"多尺度烟田"四情"信息获取网络与烟田环境信息物联网感知技术系统。筛选宜机化烟草良种，落地应用烟草种植农艺与机械化作业深度融合的技术标准。开展覆盖烟田耕整地、烟苗移栽、肥水施用、精准施药、烟叶采收等关键环节作业装备智能化技术的集成应用，支撑少人化、跨环节烟草大田农业生产机械化作业。研发烟草农业智慧化管控平台，实现烟草种植过程的环境监测、肥水管理、品质监测评估、病虫害监测预警、气象灾害预警、农机作业监测管控等功能。"烟叶采后初加工与流通技术集成应用及示范"集成应用烟叶烘烤、分级、仓储、调拨等环节的技术装备，建设烟叶采后初加工与流通大数据综合管理服务平台，提供烟叶烘烤（烘烤数据监测、烘烤模型推荐、烘烤历史记录）、分级（分级作业统计）、仓储（质量管理、仓储库存、决策统计、系统集成与监控）等个性化服务，支撑烟叶质量数据跨环节流通、追溯和高效管理。

11.4 建设风险管理

风险是指事项发生并影响战略和商业目标实现的可能性[44-46]。企业风险管理是指组织在创造、保持和实现价值的过程中，结合战略制订和执行力，赖以进行管理风险的文化和实践[47,48]。风险管理是烟叶数字化转型建设在管理视角的经验总结[49,50]。基于对云南烟叶数字化转型建设工作的理论研究和实践探索，沿着烟叶数字化转型建设的总体思路和推进过程，严格遵守数字化转型建设风险管理原则，着重探讨烟叶数字化转型建设在筹备阶段、规划阶段、实施阶段、运营阶段面临的关键风险及应对思路。

11.4.1 风险管理原则

一个良好的数字化建设风险管理机制应当是以业务需求为出发点[51]，以新技术驱动和大数据分析为手段，通过动态自适应的方法来保护企业数字资产的机密性、完整性、可用性、隐私性和可靠性，以成本最优的方式实现组织业务价值的最大化[52-54]。在建设这样一种良好的风险管理机制时，应尽量遵循以下原则。

风控协作化：从企业风险到数字风险，从网络安全到数字安全，从"三道防线"到"三线协同"，数字风险治理需要形成决策机构、业务部门、IT部门、风险管理部门和审计部门齐抓共管，协同作战的局面。

管理一体化：形成面向全组织的、集中统一的数字风险管理标准，并结合各类监管规范对于数字安全的要求，打造融数字风险识别、预警、检测、监测、保护、应急响应于一体的数字风险管控平台。

防御主动化：全面提升数字风险防护能力，应用云原生安全、可信计算、国产密码、业务反欺诈等自主可控技术，开展数字化网络安全、业务安全、数据安全的建设和整改加固，形成主动免疫、主动防御、整体防控的主动化的数字风险防御体系。

运营智能化：利用云计算、大数据及威胁情报技术，建设数字安全智慧大脑，以安全分析为核心，结合云端威胁情报，通过各种数字安全场景及可视化手段，利用安全运营服务和安全编排自动化响应技术为企业提供高效的数字安全服务。

操作实战化：从被动的威胁应对和标准合规的模式，走向在常态化攻防演练中不断完善的模式，在遭受网络攻击时具备较强的对抗能力；在新的数字业务规划与设计时，就应当把数字控制要求和措施嵌入到新系统的开发和运维过程中去。

恢复弹性化：在遭受网络攻击、业务中断、安全事件干扰，甚至在灾难事件发生时，具有快速恢复的能力（即数字安全的弹性）。在未来复杂的数字化环境下，数字安全弹性是数字安全保障体系必不可少的基本属性。

11.4.2　筹备风险管理

在烟叶数字化转型建设过程中，首先要先明确其概念。数字化是将准确、高质、海量的数字（数据）转换为机器或编译语言，来实现数据的最大化利用及分析决策等目标[55-57]。在数字化转型中，对数字的理解不仅是字面数据的理解，更指生产要素和价值资产[58]。日常生产经营中常用的办公、财务、收购等信息系统，通常被误认为是数字化，但以现代通信和互联网为基础的生产管理方式实为业务信息化。数字化与信息化概念容易混淆。在烟叶数字化转型建设过程中，若对数字化转型认识不清晰，或理解和把握不准确，都有可能导致烟叶数字化转型建设与数字化转型的本质严重偏离，且无法达到烟叶数字化转型建设的预期效果。

烟叶数字化转型建设总体定位是围绕"数字烟草"，剖析烟叶产业链，布局数字创新链，重塑行业价值链。以烟叶生产业务和管理为主导，以数据应用为核心，以科技创新为驱动，以提升烟叶生产管理水平为主线，以防范基层廉洁风险、切实为基层减负为落脚点，突出结合实际、看齐前沿，聚焦数据赋能、模式创新，强化集成整合、高度协同，坚持数字生态、开放融合，对烟叶全链条相关的生产经营方式、管理体系、服务模式进行数字化改造。

11.4.3 规划风险管理

建设目标设定不精准,可能导致转型过程和转型结果偏离烟叶数字化转型建设的初衷[59],因此要明确烟叶数字化转型的愿景目标。云南烟叶数字化转型建设的愿景目标是以稳定烟叶产业基础为第一要务,以高质量发展为引领目标,以融入乡村振兴为使命和责任,依托新一代数字及智能装备技术,明确云南烟叶数字化转型总体架构和实施路径,发展"一部手机种好烟"。通过不断完善数字化"新基建"打好发展底座,打造云南省烟叶数字大脑,建设"1+18"两级协同决策指挥调度管理平台、"1"站式烟农服务平台和"9"大烟叶数字化应用场景,形成"118191"烟叶数字化转型升级体系,实现烟叶发展质量变革、效率变革、动力变革。基于烟叶业务痛点和高质量发展需求,以"尊重客观现实,稳妥统筹推进;坚定转型目标,逐步实现提升"为基本思路,以数字化技术与烟叶产业深度融合为途径,计划通过"基础试点—优化完善—提升见效"3个阶段,逐步完成云南烟叶数字化转型建设。

11.4.4 实施风险管理

因烟草行业和企业发展的特殊性[60],烟叶数字化转型建设实施过程会面临政策及业务风险、技术风险、网络及数据安全风险[61-64]。

(1)政策及业务风险

烟叶数字化转型建设工作必须在国家政策、法律法规、行业规定范围内开展,不能违背公序良俗,不能损害相关各方利益,防范法律和舆论风险[65]。因此,要认真研究现行各类规范,在规范的前提下开展转型工作。从项目管理的角度来看,国家和行业政策的变化风险是普遍存在的。政府对农业政策和宏观经济的调整、疫情防控状况等都有可能影响项目建设的关注点和指标项,影响系统建设和推广进程。尤其是要充分考虑国家局统一生产平台的建设情况,系统要基本达到相关标准,能够实现相互兼容,防止重复建设或者建成后闲置不用。因此,项目建设全过程要密切关注国家政策和行业统一生产平台的建设情况,积极融入行业一体化平台建设,防范大规模需求变更风险。

（2）技术风险

在烟叶数字化转型建设过程中，选择合适的技术手段、路线和核心系统非常重要。由于每种技术路线和系统都不会完美，不可避免地存在某些风险。一是技术架构不能适应行业发展变化的风险。如果技术路线选取不合适，系统架构不能够适应行业发展方向，将导致系统在新的数据方面服务能力不足。二是系统设计不能方便升级维护的风险。数字化转型建设是一个长期、持续的过程。当前的技术发展水平，在将来必然遇到技术规范、技术平台和产品升级的问题。另外，随着系统应用，用户必然会产生新的需求，系统设计存在不能方便升级维护的风险。

对策：一是技术架构风险防控对策。在数字化转型设计、规划、实施过程中，将严格遵循"成熟性"原则，即尽可能采用成熟技术，集成成熟产品，可以将技术风险降至最低。二是系统设计风险防控对策。项目设计过程中将采用以下应对措施：一方面注重系统设计的前瞻性。在系统设计时充分考虑到技术的发展趋势，避免采用即将被淘汰的技术和产品，在产品选择上充分考虑到厂商的支持力度，降低升级风险。另一方面加强系统灵活性和可扩充性的设计，充分考虑到系统未来发展需求，在系统设计时注重系统的灵活性和可扩充性，减少系统升级和扩展的难度，降低升级风险。

（3）网络及数据安全风险

由于网络的开放性、共享性和动态性，烟叶数字化转型相关系统平台面临着一系列的外部安全问题。此外，由于烟草行业的特殊性，系统具有用户数量多、交易金额大、行业涉及广、相对离散、区域管理、动态交易等特点，所以对系统内部也有较高要求。如云南省烟叶生产动态管理平台部署在省信息中心，网络层面严格按照省局（公司）信息系统研发管理办法执行，上线运行前，安排第三方机构对云南省烟叶生产动态管理平台进行安全测评，确保安全保护等级达到二级。

数据是数字化转型建设的血液和基础，是最宝贵的数据资产。数据安全将成为烟叶数字化转型建设稳定发展的关键[66]。若数据产生、流转、使用不当，容易造成数据泄露、数据篡改、数据滥用、违规传输、非法访问、流量异常等数据安全风险[67]。

对策：树立正确的网络安全观，认真贯彻落实习近平总书记"四个坚持"的新要求，以风险管理为导向，完善顶层结构设计，建设身份管理与访问控制平台、网络安全运营管理一体化安全平台、数据安全治理系统，构建全覆盖多场景的数字化安全管理体系，从技术体系、管理体系和运营体系着手，构建三位一体的立体化网络安全保障体系，为全省系统高质量发展守住网络安全底线。

具体做法：一是做好数据备份和归档。数据备份是容灾的基础，备份数据应用明确的保存期限，并定期测试有效性。恢复及使用备份数据时若要提供相关内容口令密码，应把口令密码封装后妥善保管。对于重要的数据实施多重备份机制，存储介质存放于指定的同域安全区域。二是采用身份认证和数据加密技术。在计算机网络及数据安全防范过程中，身份认证和加密是常见的手段，如云南省烟叶生产动态管理平台数据加密符合国家密码管理相关要求，为确保密码算法的安全性，远程传输加密的设备或组件除了需要支持AES、DES、3DES、RSA等多种国际主流的商用加密算法之外，还需要支持国密算法，包括SM1、SM2、SM3、SM4等。三是采用数据脱敏技术。数据脱敏又称数据去隐私化，包括展示屏蔽、匿名化、伪名化、去标识化等，为用户提供不影响使用的非真实数据，防止敏感数据滥用。四是加强数据监测。采用省局（公司）信息中心网络管理系统，计算机资源监控系统对平台的运行日志、安全日志等监控资源，结合业务流程规范，对数据的异常使用、用户异常行为进行检测和分析，识别是否存在网络攻击的行为特征，从而判断是否存在Web时间和主机安全时间。

11.5　运营管理设计

数字化运营管理是通过新技术、数字工具与数据能力重塑产品/服务的各个环节，降低与用户之间的摩擦，提升用户价值的运营效率，是实现业务目标的资源与策略的集合。数字化转型建设的运营管理是数字化转型最为重要的挑战，传统的信息化孤岛在数字化时代成为新的障碍。数字化运营的核心需求体现在通过高度集成的数字化管理平台所建立的数字化营销、数字化研发、数字化生产、数字化服务流程，建立横向集成、纵向集成、端到端数字化的全新营销体系,并基于互联网、云计算建立可视化的决策指挥平台、生产管理平台、服务平台。互联网平台、智能设备,包括流程智能化等作为数字化影响的基础,在企业内部得到前所未有的重视。基于新的数字化运营环境,企业正在重新构建基于云计算、大数据的全新运营模式。

相较于传统运营,数字化运营有以下两方面的改变。

(1)标准化

将原本以人的经验判断来执行的运营方式转化为自动化、智能化的运营方式。如重复的数据上报、繁杂的数据采集,这些大量的、重复性的工作通过数字化的方式能够解放人员去进行创造性的工作,同时把人员变动可能对企业运营体系造成的破坏降到最低。

(2)精准化

通过对运营问题的数据分析,从而帮助决策与优化,推动业务闭环与产品迭代,促进产生业务价值。

11.5.1 运营意识

云南烟叶数字化转型的运营意识重点在于推动技术部门与业务部门就数字化转型达成共识,相比于其他企业一直进行各种应用系统建设,省局(公司)针对云南烟叶数字化转型工作成立数字化转型专班,抽调各部门组成数字化转型专班核心成员,以此加强各部门数字化转型运营意识,同时提高各部门针对数字化转型运营的创新意识。

云南烟叶数字化转型在初期便与赵春江院士团队密切合作,打造专业化的数字化转型人才队伍,使之具备:①深入了解企业业务;②了解数据技术及数据应用的方式;③梳理企业当前数据资源状况;④了解现有数据化软件及工具;⑤了解企业当前的数据应用情况;⑥具有一定的数据应用规划和设计能力;⑦能够指导各个业务部门和岗位使用数据;⑧推动数据应用的开发;⑨对业务价值的最终产生负责,协调数据研发和业务应用。

11.5.2 运营能力

数字化运营能力建设是基于数据运营为核心开展,可分成4个阶段,分别是"有数据""看数据""分析数据"及"应用数据"(图11-2)。

(1)第一阶段:有数据

结合云南烟叶战略规划与业务需求调研,结合业务需求场景,梳理数据运营困境,从而规划分析并尝试搭建指标体系。基于需求场景与指标体系进行数据采集,数据采集包括自有多终端数据采集、历史及外部数据导入、数据打通。

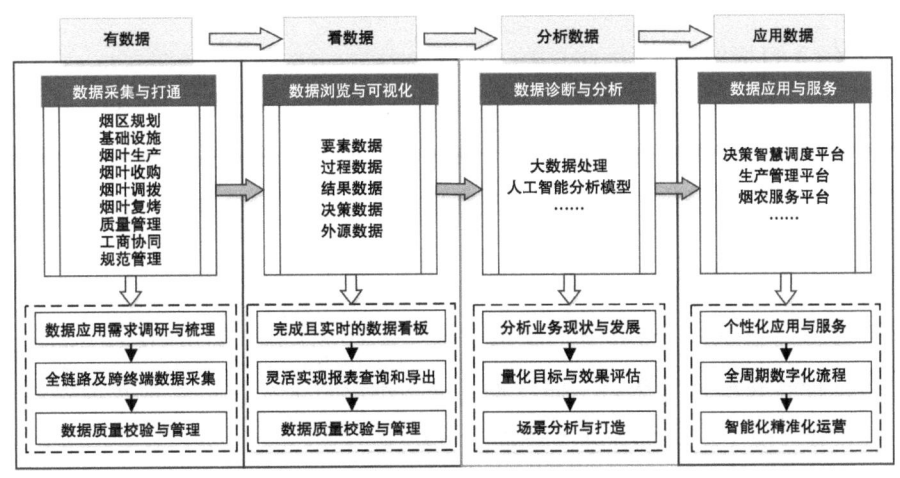

图11-2 云南烟叶数字化运营能力建设框架

云南烟叶数字化转型从烟区规划、基础设施、烟叶生产、烟叶收购、烟叶调拨、烟叶复烤、质量管理、工商协同及规范管理九大核心业务数据逐步开展数据的采集和打通,主要进行了数据应用需求的调研与梳理、全链路及跨终端数据采集和数据的质量校验与管理。

(2)第二阶段:看数据

云南烟叶数字化转型专班通过对九大核心业务的要素数据、过程数据、结果数据、决策数据及外源数据设计数据看板,灵活实现报表查询和导出及数据质量校验与管理,以此实现云南烟叶全链数据的浏览与可视化。

(3)第三阶段:分析数据

将汇聚的数据进行诊断与分析,通过大数据处理、人工智能分析模型等数字手段分析云南烟叶业务现状与发展,并量化云南烟叶数字化转型目标与效果评估,再进行数字化场景分析与打造。

（4）第四阶段：应用数据

通过建立两级协同决策指挥调度管理平台、云南烟叶生产动态管理平台、一站式烟农服务平台等平台，实现云南烟叶生产数据的个性应用与服务，构建烟叶全周期数字化流程，打造烟叶生产全产业链智能化精准化运营，实现数据的应用与服务。

11.5.3 运营措施

（1）目标定位

数字化运营的目的在于数字化转型工作的顺利开展及最终的目标实现，通过对云南烟叶发展现状进行调研与数据分析等方式了解云南烟叶数字化转型面临的困境、需求等，进而制订利于云南烟叶数字化转型工作的运营策略。

（2）资源整合

从管理制度、标准体系、数据质量、数据安全和治理机制5个方面构建和完善烟叶数据治理体系。通过烟叶大数据平台的建设，实现数据资源有组织积累，统一接入、管理、计算、分发。

（3）平台设计

平台是数字化运营的基础，云南烟叶数字化转型根据云南省局（公司）及下属企业的特点及烟叶发展需求，设计和搭建两级协同决策指挥调度管理平台、云南烟叶生产动态管理平台、一站式烟农服务平台等，解决云南烟叶全面数字化需求和碎片化供给的矛盾，筑牢烟叶数据获取、流动及赋能的基础，持续、分类推进管理流程再造、生产场景重塑。

（4）效果监管

对数字化运营效果进行评估，以及时发现问题并进行调整，通过数据分析等方式来监控数字化运营的效果，以实现数字化运营的长期发展。

11.6 本章小结

按照云南省"118191"烟叶数字化转型升级体系，根据实际情况，从项目群管理角度，将项目分为决策指挥中心、数字化应用体系、基础设施、科学研究四大类。从项目群设计及实施主体设计、项目优先级设计原则、建设计划安排、建设风险管理、运营管理设计5个方面对云南烟叶数字化转型实施计划进行详细阐述，为云南烟叶数字化转型实施路径的有效有序、切实可行提供支撑保障。

第12章 烟叶数字化转型建设成效分析

自2021年4月12日,省局(公司)成立云南烟叶数字化转型工作领导小组以来,领导小组共组织召开6次领导小组会议(图12-1),研究审议有关重点方案,安排部署各项重点工作任务。按照领导小组有关会议精神,领导小组办公室加强组织协调,各成员部门、单位紧密配合,扎实推动整体规划和年度各项建设任务,取得了阶段性成效。

12.1 规划设计成效

按照领导小组会议部署,省局(公司)与国家农业信息化工程技术研究中心赵春江院士团队开展战略合作,共同实施云南烟叶数字化转型实施路径研究项目。院士团队带领工作专班,从业务、创新、技术3个方面,梳理了云南烟叶工作流程和管理要素,分析了业务流程、管理方式再造关键节点,按烟叶生产的产前、产中、产后3个阶段,对省局(公司)、州(市)级(公司)及直属单位、县级分公司、烟站(点)4个主要应用层级,从生产、经营、管理、服务4个维度进行了全面分析。组织和参与重要业务研讨会议百余次,在"118191"整体框架下,梳理确定了20个烟叶生产管理流程,66个关键业务节点,341项关键业务指标,并以此为基础提出了18项管理流程优化再造点。经过1年多的努力,详细设计并形成了《云南烟叶数字化转型总体规划》与《云南烟叶数字化转型实施方案》。总体规划与实施方案遵循行业"11625"网信规划及行业基础数字技术平台架构和标准,全面无缝对接全国统一烟叶生产经营管理平台,有效承接云南烟叶数字化转型建设方案,全面分析了云南烟叶数字化转型背景、形势,制定了三年建设目标，形成"118191"烟叶数字化转型体系，明确重点任务和工程、数字化应用场景、计划步骤等内容。2022年6月10日，云南省局（公司）组织并主持邀请中国工程院院士谢剑平、朱有勇、孙九林及其他6名国内知名专家组成专家组，对总体规划与实施方案进行了专家评审（图12-2），获得一致好评，认为项目体量巨大、规划宏伟、技术先进、切实可行，内容系统全面，业务层级、业务流程、业务指标梳理清晰，需求分析把握到位，设计思路清晰可行，路径安排有效有序，为烟草农业数字化转型提供了样本，为数据驱动烟叶高质量发展提供了路径，同意通过评审，并建议抓紧落地实施。目前，《云南烟叶数字化转型总体规划》和《云南烟叶数字化转型实施方案》已印发。

图12-1　云南烟叶数字化转型第二次、第四次领导小组会议

图12-2　云南烟叶数字化转型总体规划与实施方案专家评审会

12.2 实施推广成效

（1）烟区数字化管理

烟区规划是云南烟叶数字化转型的重要支撑，地块信息数据是烟叶数字化转型的关键数据。首先，基于烟区电子沙盘的高分辨率影像数据，开展小地块数据的勾绘工作，以田埂为界，对云南省种烟地区的地块进行勾绘，并利用图测法计算地块面积；以高分辨率影像数据作为基础，对烟区电子沙盘已有数据成果进行治理，完善数据成果；对当地土地资源情况实时监管，有序推进土地流转，助力核心烟区永久保护。早在2018年，云南启动新一轮烟区规划，将全省烟区规划作为重大科技专项和烟叶生产重要工作着力推进，绘制完成全省烟叶种植规划图和轮作布局图，构建全省烟区电子沙盘。其次，发挥市场对资源配置的决定性作用，优化计划分配方式和种烟区域布局，争取工业企业支持，促进烟叶生产经营各要素资源的科学配置，推动烟叶生产要素向核心烟区和重点烟区聚集。最后，构建机制，促进烟区共建共管，主动对接烟区农田建设规划，加强核心烟区烟田改造和设施设备提升完善，加强基本烟田管护，确保核心烟区基础设施长久发挥效益；加强植烟土地流转，稳定种植规模；推动产业和谐发展，主动对接乡村振兴战略实施规划等，因地制宜发展多元化产业。云南烟叶数字化转型围绕稳定核心烟区，以全省烟区电子沙盘为基础，制定《云南省规划烟区地块信息采集技术规程》，先后下发《云南省烟区规划地块信息采集工作方案》《关于加快规划烟区地块信息采集工作的通知》《关于进一步核实完善上报烟区规划成果的通知》等文件，组织各种烟州（市）级单位采集烟区地块信息，逐步健全全省烟区生产要素"一张图"。

①推广成效：各种烟州（市）级（公司）及时组织实施地块信息采集工作，累计采集烟区地块1 078万块，烟田面积一站式烟农服务平台1 540万亩，其中核心烟区占比为63.5%，重点烟区占比为30.18%，普通烟区占比为6.32%，全部纳入云南省烟区地块信息数据库中。依托地块信息数据库和平台，全省100%推进合同网签和地块绑定，将烟农、种烟地块、合同计划等一一对应绑定，全面摸清烟田在哪里、烟叶在哪里，为开展合同面积落实、轮作分析等提供了数据支持。2022年，全省烤烟共绑定面积681万亩，

在规划区内种烟比例达到97.51%。省局（公司）信息中心与昭通、曲靖市公司，运用无人机、AI智能识别等技术，依托地块绑定成果，开展绑定地块种烟情况核查、规划区域外种烟检查工作，拓展烟区数字化应用场景。

②管理及工作效益：烟区规划地块数据包含的数据项共14项，包括地块编号、地块多边形、村委会级行政区划、地块面积、海拔、坡度、烟田类型、土壤类型、承包经营权信息、烟叶种植主体信息、所属基地单元、水源保障、密集烘烤保障、机耕路配套等，如表12-1所示。

表12-1　云南省规划烟区地块数据项明细

分类	序号	数据项名称	说明
采集数据项	1	地块多边形	由若干顶点连线围成的多边形形状。通过实测法或图测法取得。
	2	烟田类型	勾选项（□核心烟区　□重点烟区　□普通烟区）
	3	土壤类型	必填（□红壤　□黄壤　□棕壤　□黄棕壤　□暗棕壤　□褐土　□水稻土　□紫色土　□冲积土　□其他）（提示：有多种类型的以主要的为主）。
	4	村委会级行政区划	按国家统计局发布的2020年《统计用区划和城乡划分代码》为准。
生成或推算的数据项	5	地块编号	按业务规则的计算机自动编号。 例如：5325041100001001，代表云南省红河州弥勒市东山镇0001号连片001号地块，其中，53表示云南省，25表示红河州，04表示弥勒市，110表示东山镇，0001为东山镇所辖第一个规划连片，001为第一个规划连片中的第一个地块。
	6	海拔	省局（公司）统一选用数字高程模型计算，地块代表海拔取顶点海拔的算术平均值，存储为双精度小数，单位为米（m）。
	7	面积	由CGCS2000-高斯克吕格3度带投影后计算的投影面积，存储为双精度小数，单位为平方米（m^2）。使用时按要求单位换算和修约。
	8	坡度	省局（公司）统一选用数字高程模型计算，取最高点和最低点连线与水平线夹角计算，修约到整数度数。
业务关联数据项	9	承包经营权信息	包括权证代码、承包户主身份证号、姓名等。由合同网签等业务系统生成和管理。
	10	烟叶种植主体信息	包括年度种植合同编号、主体名称及主体标识符等。由合同网签等业务系统生成和管理。
	11	水源保障	勾选项（□水库　□水池　□水窖　□机井　□管网　□沟渠　□提灌站　□塘坝）。由基础设施管理等系统生成和管理。

（续表）

分类	序号	数据项名称	说明
业务关联数据项	12	密集烘烤保障	勾选项（□有　□无）。由基础设施管理等系统生成和管理。
	13	机耕路配套	勾选项（□有　□无）。由基础设施管理等系统生成和管理。
	14	所属基地单元	以国家局规定的名称为准，各州（市）级（公司）建立索引。由基地单元管理系统生成和管理。

注：1. 烟田类型为勾选项，分为核心烟区、重点烟区、普通烟区，分别与全省2020年核心烟区建设规划中的核心烟区、优质烟区、适宜烟区相对应。

2. 密集烘烤保障中"有、无"是指地块所在区域配套密集烤房是否满足烟叶烘烤需要。

3. 机耕路配套中"有、无"是指配套砂石路、硬化路等能否通达地块所在区域

（2）一站式烟农服务

作为云南烟叶数字化转型的重要组成部分，2021年以来，云南省局（公司）联合云南红塔银行，紧扣服务广大烟农和提升服务质量目标，建设以业务办理、专业化服务、技术服务、惠农服务、金融服务为主的一站式烟农服务平台。平台遵循行业"1242"数字化转型总体规划，致力于在国家局烟叶一体化平台与烟农之间，构建从管理向服务转化、从系统后台向前端业务延伸、从单一烟农群体向烟草农业生态圈范围拓展的有效桥梁。平台充分发挥云南红塔银行"产业银行+科技银行"战略优势，充分整合合作社、物资供应商、第三方服务机构及银行、保险公司等金融资源，构建农业生态伙伴集群，形成烟农数字服务生态体系。

一站式烟农服务平台连接了烟草、烟农及金融等第三方服务机构，为烟农提供烟叶生产种植意愿调查、地块绑定、金融服务等全过程、多环节的生产过程服务，实现业务一键触达、一站式服务，打造24小时贴身服务烟农"小助手"。

一是烟叶业务一站办理，线上"应办尽办"，确保烟农"少跑腿"。新烟农通过微信一站式烟农服务平台小程序，凭借身份证实名注册认证。平台联网核查种植者身份后，CA认证中心颁发标示其唯一合法身份的数字签名证书，即可全程网上办理烟叶相关业务。烟农使用数字签名，通过平台一键办理种植合同申请、绑定种植地块、专业化服务购买确认等各类业务，减少线下往返烟站（点）、合作社等地的用工和交通成本。

二是物资服务掌上下单,产品"应有尽有",确保服务"全覆盖"。平台惠农商城现已入驻600余家供应商和合作社,覆盖全省所有产区,提供覆盖烟叶生产各环节的烟用物资和专业化服务;红塔银行提供支付结算,支持贷款支付及贷款30天的免息优惠服务。

三是金融服务自助获取,增值服务"应享尽享",确保种烟"不差钱"。红塔银行为一站式烟农服务平台搭载全场景、全流程的金融服务,围绕烟叶生产各环节为烟农提供账户开立、支付结算、信用贷款、理财等金融服务。所有烟农都能平等、及时、便捷的享受金融服务,获得种烟资金支持。

四是技术服务一键获取,技术指导"应会尽会",确保种烟"无压力"。平台搭建了智农广场、农友学堂、"七彩云"等技术交流园地,提供"智能识级""看叶识熟""病虫害识别"等实用的辅助生产人工智能小程序应用。烟农还可以通过"一站式烟农服务平台客服",快速联系专属烟技员、金融服务员,咨询生产、金融等方面问题。

五是政策信息推送到户,惠农措施"应知尽知",确保权益"全公开"。基层烟站(点)等各级烟叶生产管理部门,可通过平台一键发布种烟政策、消息通知、生产预警、合同调整等公示和通知,精准推送至每户烟农。烟农通过"我的账单"功能,全面掌握种烟成本收益;交售烟叶收入等信息自动推送,保障烟农知情权。

①推广成效:一站式烟农服务平台2022年在云南全省试点推广。截至2022年12月,一站式烟农服务平台的注册量达到55.3万人次,每日新增注册突破用户2万余人次,每日在线人数高达4万人以上,单日合同网签数最高超过3.8万份,平台合同网签户数约46.98万户,全省共绑定地块约687万亩,实现合同网签和地块绑定2个100%(图12-3)。

图12-3 平台推广现场

②管理及工作效益：

一是有力解答"谁来种烟"。平台通过实名认证、人脸识别等技术，进一步保障了烟农真实性，解决"谁来种烟"的真实性问题。平台优化流程、创新功能，手机成为烟农轻松种烟的"新农具"。烟农注册认证后，一键轻松办业务、办贷款、学技术、买物资、查信息，使用数字签名替代纸质签名，改变了以往多次往返烟站（点）、合作社办业务的时间成本和交通成本，也减少了基层烟站准备纸质文件、张榜公示等的人工成本和物资成本，取得"烟农减工、烟站减负"的"双减"效果。在2022年疫情封控期间，烟农通过平台填报合同申请信息，避免了疫情影响，保障了烟叶生产正常有序开展。2023年，平台为全省烟农减少108.8万个往返烟站（点）、合作社办理业务用工，减少烟农和烟站（点）签字237.9万次，折合成本约1.69亿元。平台的应用使得政策更加透明、技术更加易学、服务更加到位，一定程度上降低了种烟门槛，一些毫无种烟经验的80后、90后农民、农业企业等新型种植主体可以快速上手，烟农队伍逐步稳定壮大。2023年全省种植烤烟农户数为46.7万户，近年来首次实现止跌转增，40岁以下烟农占比20%，烟农结构更趋合理。

二是有力查清"在哪种烟"。2022年开始，烟农在申请合同计划的同时，也在平台中将计划与种烟地块进行绑定，相关数据汇聚到省局（公司）大数据中心。省局（公司）通过分析全省绑定地块数据，获取年度规划区内比例、核心烟区种烟比例、轮作情况，相较以往层层统计上报的方式，数据更为准确、客观。各级烟叶生产管理部门可以直观看到区域内规划区域、核心烟区、实际种植分布情况，更准确掌握烟田在哪里、烟叶种在哪里，指导优化烟叶生产布局，也为下一步烟叶质量追溯奠定基础。2023年，全省规划烟区共1 541.24万亩，其中核心烟区1 001.21万亩、占比64.96%，同比提高1.46%；全省烤烟种植计划面积618.08万亩，绑定地块面积690.9万亩，绑定地块在规划区内比例为98.81%，同比提高1.3%，核心烟区种烟占比68.79%，同比提高3.93%，全省种植区域布局进一步向规划区、核心区集中。

三是有力回答"怎么种烟"。一站式烟农服务平台打造了烟叶生产"种植任务树"功能，提示关键节令，指导烟农做好各环节生产工作。烟农可以利用农友学堂等，自主学习种烟知识，获取种烟技术。同时，平台汇聚省烟科院、各级技术中心等专业技术力量，有力支撑烟草行业农业科技成果高效转化，科技成果更快、更广泛、更直接地服务烟农、服务生产、创造价值。平台上线以来，累计发布各类专业技术文章、视频306条，发布了各类政策通知、业务公示等信息4.35万条。烟农获取服务和物资更加便捷。平台商城引入合格的供应商、合作社，利用市场化竞争，为烟农带来质优价廉的商品和服务，累计成交超过193.1万笔、12.9亿元的物资和专业化服务。

四是有力促进"产业联动"。平台树立了烟草主业与红塔银行产融结合的典范。云南红塔银行利用金融移动服务车，将柜台延伸至乡村、烟站（点）第一线；在村委会、烟站（点）等地布放智能机具，解决部分烟农没有智能设备等问题；上线远程视频银行，方便烟农远程办理线上金融业务，将金融服务延伸至最后一百米，实现银行"住进"千家万户。红塔银行为烟农提供低于同业平均利率的贷款产品，实现3分钟申请、1秒钟审批、1秒钟放款、零人工干预、线上一键办理；普惠金融服务也嵌入到物资和服务采购等场景中，随时随地为烟农提供金融服务支持。累计授信约33.2万户烟农、累计发放贷款61.7亿元，累计为烟农免息优惠2 200万元。平台实现资金管理的"全线上化""场景化"办理模式，烟农从开户、存款、贷款、物资款采购到售烟收入等均线上办理，形成资金闭环，烟农闲置资金理财等服务也为烟农增加收益。截至2022年底，云南烟农共有39.8万户持有红塔银行卡，占总烟农数的81.8%。2022年，30万户烟农通过红塔银行开展涉农资金兑付，比例达到61.4%，累计兑付收购烟叶资金161亿元。

（3）生产动态管理

以云南烟草商业烟叶生产动态管理平台为例，平台以实现烟叶生产管理数字化、烟叶生产监管动态化、产前补贴验收规范化、烟叶生产考核网格化、烟叶生产痕迹电子化为目标，完成Web端和App端的设计，如图12-4所示。

①推广成效：云南省烟叶生产动态平台是推动烟叶生产高质量发展、保持云南烟草持续稳定发展的服务平台，同时根据"红河州烟叶生产动态管理平台"试点推广实际情况，以管好烟叶生产技术员为基础，通过信息化手段实现烟叶生产的业务流程再造，技术落实的实时监管，生产考核的

全环节，生产补贴的验收审核、可视化和可追溯，全面提升烟叶生产标准化水平，助推烟叶生产高质量发展，目前已在昆明、曲靖、楚雄、大理、保山、普洱、丽江、玉溪、红河、文山、德宏、曲靖、昭通、楚雄、临沧等地州（市）开始推广应用。

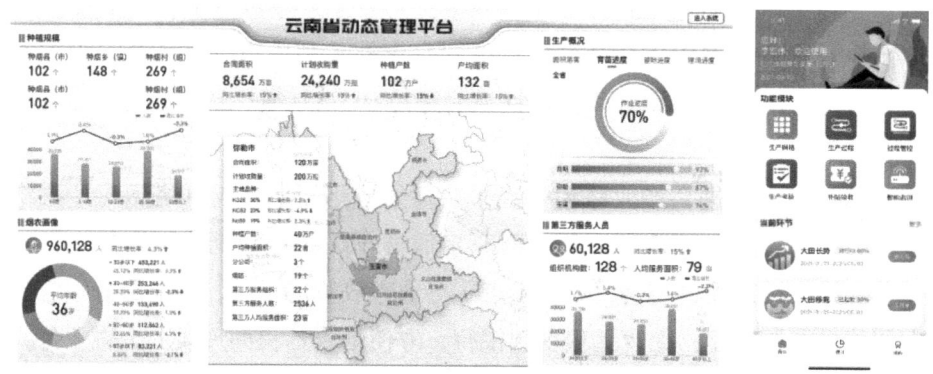

图12-4　平台运行效果页面

截至2022年5月27日，系统使用人数为12 943人，包括省局（公司）人员、州（市）公司人员、县级分公司人员、合作社烟技员。推广工作于2022年2月11日正式启动，3月10日全员足额完成59个县级分公司线下培训推广，全程共历时28天。2022年在全省13个州（市）级（公司）、59个县级分公司、391个烟叶站开展烟叶生产管理平台试点推广工作。2023年在12个种烟州（市）加1个香料烟公司，99个县（市/区）分公司，591个烟站，883个种烟乡（镇），5 673种烟村（组）进行推广，系统覆盖615.45万亩，涉及烟技员7 281人，烟草内部职工18 351人［烟站（点）层级及以上职工］，烟农470 423人。按照领导小组工作安排，项目组专班积极开展推广工作方案制订、操作说明书编撰、组内培训演练、人员账号权限等系列筹备工作，并成立4个推广培训小组，分组开展试点县级分公司线下分场实操培训，全省参训人员5 000余人，收集整理系统平台优化建议等百余条，为进一步完成系统平台迭代优化、落地运行等奠定了坚实的基础（图12-5）。

②管理及工作效益：云南烟叶生产动态管理平台实现了烟叶生产产业链数字化、可视化管理，提高了烟叶生产管理的深度、广度和精度，以数字赋能有力助推烟叶生产高质量发展。

图12-5 烟叶生产动态管理平台推广使用实地拍摄图片

一是诠释管理思想，转变管理方式。围绕"烟叶生产倡导什么，导向是什么，方向是什么"，将管理思想融入烟叶生产动态管理平台建设方方面面。运用数字化思维、数字化技术，以五级管理网格为基础，建立"州（市）级（公司）—县级分公司—烟站（点）—技术员—烟技员—烟农—地块"网格体系，构建纵向到底、横向到边的管理平台，直观展示"烟田在哪里，烟农在哪里，服务在哪里"。一部手机查看管理全省13家试点单位，68个种烟县区，420个烟站，602个植烟乡镇，3 801个种烟村组，6 021名第三方服务人员，32.45万户种植主体，431.19万亩烟田，通过管理网格实时掌握烟区、烟田、烟农信息，为强化各层级职能职责、精准服务烟农、生产过程管控、考核评价、补贴验收提供数字依据。数字化转型体现和诠释管理思想，有力推进了烟叶生产由传统管理方式向数字化管理方式的转变。

二是动态监督指导，提高管理水平。以管好"烟技员""管好生产过程""管好技术标准落实"为切入点，烟叶生产动态管理平台实时获取16项烟叶生产关键技术管控环节管理数据，关联获取数据的位置定位、照片及视频等信息，提升关键业务数据获取时效性和真实性，增加业务数据的关联和复用程度，为实现数字化生产场景改良、业务流程再造提供了数据支撑。2022年全省各试点单位共获取地块落实、育苗供苗、大田移栽、面积核实、测产估产等生产环节数据227.89万条，各环节数据涵盖了全省各试点单位技术标准落实情况，客观反映了烟叶生产实际，各管理层级通过动态管理平台，可实时查看辖区烟叶生产工作推进情况，结合定位、照片信息的多角度、多方式过程数据验证，提升业务数据获取时效性和真实性，实现了实时化、动态化、可追溯的烟叶生产过程监管。针对性解决当前生产考核滞后、人为因素干扰及补贴兑现不规范等问题，开发了考核监管和补贴验收模块，具备随机分配考核对象、复验农户及监管任务等功能，烟叶生产标准化进一步落实，涉农补贴兑付进一步规范，烟叶生产管理水平进一步提高。

三是数字赋能增效，释放管理效能。平台依托数字化手段，转变传统管理方式，建立高效、集约、统一的网格管理机制，有效统筹协调网格内、网格间各类资源，进而辐射联动形成合力，推动烟叶生产管理运行效能提升。根据烟叶生产全生命周期以数字化手段实施生产全过程的动态监管，烟技员在田间地头通过平台App实时反馈烟叶生产相关信息，依托智能物联网设备信息，真实、客观、全面反映烟叶生产过程，烟叶生产管理人员无须亲自到生产现场，也可通过平台完成生产过程监管工作。动态管理平台产前投入验收线下到线上的转换，减少了纸质留痕，避免了人为修改数据，进一步规范了产前投入工作。优化精简了线下流程，平台采集大量生产数据，自动汇总生成统计报表，过去需要人工操作生成报表、推送数据等工作，现在均由系统自动完成。通过对平台获取数据进行加工分析，辅助定位各烟区烟叶生产过程存在的相关问题，有效解决当前烟叶生产精准管理的难题。一部手机即可查看各层级网格信息，一部手机即可实现烟叶生产精准化管理，督促推进烟叶生产工作目标完成，推动烟叶生产管理运行效率的有力提升。

通过实施云南省烟叶生产动态管理平台，真正实现烟叶生产全程数字化管理，确保数据准确，实现压实基层责任、推进生产技术落地与规范产前投入补贴的目标，为烟叶生产数字化转型提供可行经验；有助于企业技术创新能力进一步提升，持续推动科技创新成果向"绿色+烟叶"协同发展转变，实现减少能耗和碳排放等生态效益，缩减企业对环境资源的压力；通过系统实施应用，实现全公司烟叶生产数字化管理，创新业务流程，提高工作效率，强化补贴流程监管，大幅提升企业内部管控能力、风险防范能力、烟叶生产效率。

第13章　烟叶数字化转型展望

"万物互联"的数字农业时代已然开启。数字化转型浪潮正以前所未有的广度和深度变革生产方式、再造生产关系、重组经济结构，成为国家战略的重要组成。在农业领域，数字技术的广泛应用引发了"农业数字革命"，数字成为最具时代特征的农业生产新要素，并通过其凸显的乘数效应驱动着农业生产力提升、农业生产关系变革、资源要素配置优化、经营模式迭代升级。数字化已逐步融入乡村振兴的规划和建设实践之中，为农业发展赋予了新动能。

数字化转型塑造云南烟叶领先优势。长期以来，云南省烟草专卖局（公司）高度重视信息化工作，持续推进各项建设工作，拥有较为完善的信息网络软硬件基础设施。在全球宏观经济多变、国家全面推进乡村振兴、加快农业农村现代化及农业数字转型的背景下，云南烟草抓住机遇、直面挑战，构建起领跑全国烟区高质量发展的领先优势。

2019年，云南烟叶以全面实现高质量发展为契机，开展了云南烟叶数字化转型升级探索，并取得初步成效。

2020年，国家农业信息化工程技术研究中心云南烟草创新基地暨国家农业智能装备工程技术研究中心云南烟草创新基地在云南红河挂牌落地，着力打造集"烟草农业大数据场景化应用研发+智能装备研制应用"于一体的智慧烟草农业科技创新示范，为智慧烟草农业支撑体系和应用体系建设积累了有益经验。

2021年，省局（公司）联合国家农业信息化工程技术研究中心制定了《云南省"一部手机种好烟"建设方案》，勾画出云南烟叶数字化转型总体蓝图：通过不断完善数字化"新基建"筑牢发展底座，打造云南省烟叶数字大脑，建设"1+18"两级协同决策指挥调度管理平台、"1"站式烟农服务平台和"9"大烟叶数字化应用场景，形成"118191"烟叶数字化转型升级体系，实现烟叶发展质量变革、效率变革、动力变革。

这几年来，云南烟叶高质量发展成果有目共睹。云南省出台了《云南省支持烟草产业高质量发展若干政策措施》等政策，为烟叶数字化转型打下了良好的政策基础；通过对国家烟草专卖局《关于建设现代化烟草经济体系推动烟草行业高质量发展的实施意见》和云南省《关于加快云南省烟草行业数字化转型发展指导意见》要求的深入贯彻落实，云南烟叶数字化转型风起帆扬。2021年，云南省烟草专卖局（公司）在行业高质量发展指标评价中排名第一。

在实现行业高质量发展的目标带动下，相信在不远的未来，烟叶数字化转型升级将不断加速，数字化建设将凸显规模效应，数字化"生态圈"将高效运作，数字化将真正渗透至云南烟叶的全场景、全要素、全产业链之中，真正成为行业数字化转型的"第一车间"，并为云南数字经济发展贡献烟草智慧。

13.1 烟叶数字化转型升级将不断加速

近年来，全球科技进入创新集中暴发期，新一轮科技革命步伐正在加快，现代生物、信息、新材料、新能源、先进制造等技术日新月异，不同类别的技术开始交叉融合并加快向农业领域渗透，孕育出颠覆性技术。聚焦到烟草领域，在国家"互联网+"行动计划、数字农业农村战略的发展规划部署及相关技术浪潮的冲击下，展望今后一段时间，烟叶数字化转型将迎来难得机遇，转型升级将会不断加速。

首先，烟叶数字化"新基建"能力将显著提升。烟叶生产过程中数据采集设施及数据采集标准不断完善，智能敏捷、云网融合、安全可控的综合性烟叶生产数据采集体系基本建立。

其次，数据将成为烟叶生产核心要素。数据作为数字化转型的关键驱动要素，已成为基础性战略资源，未来将会全面完成以数据为核心的价值体系重构，建立起智慧烟草数据共享平台，实现多源异构数据汇聚与存储、烟叶数据资源管理、数据挖掘分析服务、数据交换共享服务等功能，数据价值将得到充分挖掘。

最后，数据与业务的融合将会加强。烟叶全链条相关的观念、技术、组织、管理模式将发生深刻变革，数据驱动将与业务运行管理、组织流程机制深度融合，实现对管理流程的数字化再造和生产场景的数字化重塑，集实时感知、数字驱动、智能管理、智慧决策于一体的烟草行业高质量、数字化发展体系将全面构建。

13.2　烟叶数字化建设将凸显规模效应

传统烟叶信息化建设主要以单点应用为主，应用范围主要基于商业系统内部，但随着烟叶数字化转型的不断深入，集聚效应和规模效应将会显现，逐步建立起工商一体、基地共建、信息共享、全链贯通的共同发展模式。

在应用广度上，将形成贯通上下、协同左右、联系内外的烟叶产业链"一体化"应用，并重点推动数字触角向工业端和烟农端的延伸。例如在烟农服务领域，一站式烟农服务平台全面搭建，信息公示、专业化服务、技术服务等模式不断丰富与创新，并引入社会资本实现烟农多元化生产增收，打造烟农数字产业生态，实现农户种烟专业度、满意度的显著提升。例如，在工商协同领域，将建立起工商数据传输接口，实现工商企业及科研院所的烟叶质量数据共享，为农艺工艺柔性定制，为"产烤销一体化"变革筑牢基础。

在应用深度上，应用图像分析、知识图谱、用户画像、时序分析、语义分析等技术，对数据治理、数字模型、表达输出进行深度开发，建立起烟叶生产管控模型、烟叶质量分析模型、专业化服务分析模型、烟农画像模型、经营决策模型等智能化烟叶数据挖掘模型，真正发挥数据价值，逐步迈向业务数字化、管理智能化、决策智慧化。

13.3　烟叶数字化"生态圈"将高效运作

数据创造价值，生态预见未来。依靠数字经济这一强大外部助力，以及行业高质量发展这一强大内生动力，未来各项资源要素将会在烟草行业内外进行高效整合，形成宏观网络结构下的微观短链模式。以高效的业务协同、数据协同、要素协同，实现全方位、全要素、高层次的行业"大循环"，在循环中互通互动、同步迭代、跨界生长，以平台的整合力、数据的驱动力来提升生态的集聚力，打造出融合、集成的"生态圈"。

烟草发展也将不再是单一的或是封闭式的产业价值链，而是围绕烟草产业这一主线形成多维产业价值网，并不断向外部跨界发展，通过推动产业链条和资源配置线上化、垂直化、数据化，培育出在专卖法体系框架内的供应链管理市场化新模式，让数据链、供应链、价值链为更多用户赋能，不断为中国数字经济贡献烟草智慧。

附录　缩略语列表

序号	英文缩写	英文全称	中文全称
1	AI	Artificial Intelligence	人工智能
2	AR	Augmented Reality	增强现实技术
3	AES	Advanced Encryption Standard	高级加密标准
4	App	Application	应用软件
5	BD	Business Development	商务拓展
6	CGCS2000	China Geodetic Coordinate System 2000	2000国家大地坐标系
7	DevOps	Development Operations	过程、方法与系统的统称
8	DES	Data Encryption Standard	数据加密标准
9	DBMS	Database Management System	数据库管理系统
10	3DES	Triple Data Encryption Algorithm	三重数据加密算法
11	ELT	Extraction-Loading-Transformation	数据提取、加载和转换
12	GPS	Global Positioning System	全球定位系统
13	HTTP	Hyper Text Transfer Protocol	超文本传输协议
14	IT	Information Technology	信息技术
15	IaaS	Infrastructure as a Service	基础架构即服务
16	ISP	Internet Service Provider	网络业务提供商
17	MQTT	Message Queuing Telemetry Transport	消息队列遥测传输
18	Modbus	Modbus protocol	通信协议
19	MPLS	Multi-Protocol Label Switching	多协议标签交换
20	NSP	Network Service Provider	网络服务提供商

（续表）

序号	英文缩写	英文全称	中文全称
21	PMO	Project Management Office	项目管理办公室
22	PIN	personal identification number	个人身份识别码
23	PaaS	Platform as a Service	平台即服务
24	RFID	Radio Frequency Identification	射频识别
25	RSA	RSA algorithm	非对称加密算法
26	Redis	Remote Dictionary Server	远程字典服务
27	STP	Market Segmenting；Market Targeting；Market Positioning	市场定位理论
28	SaaS	Software as a Service	软件即服务
29	SM1/2/3/4	SM1/2/3/4 cryptographic algorithm	国密的一种算法
30	VR	Virtual Reality	虚拟现实技术
31	VPN	Virtual Private Network	虚拟专用网络
32	Web	World Wide Web	全球广域网

参考文献

[1] 徐秀军,林凯文. 数字时代全球经济治理变革与中国策略[J]. 国际问题研究,2022(2):85-101.

[2] 陈元刚,张玉欢. 我国"传统农业"向"现代农业"转型的路径探讨[J]. 重庆理工大学学报(社会科学),2021,35(8):105-117.

[3] 文丰安. 乡村振兴战略背景下我国农业现代化治理的重要性及推动进路[J]. 重庆大学学报(社会科学版),2022,28(1):43-53.

[4] 童文杰,邓小鹏,李卫,等. 云南烟叶生产服务乡村振兴战略的现状与思考[J]. 安徽农业科学,2021,49(14):254-257.

[5] 印朋. 连接数据孤岛 推倒数据烟囱[N]. 新华每日电讯,2021-11-30(10).

[6] 刘耀宏. 传统企业数字化转型实践[J]. 信息技术与标准化,2022(6):24-28.

[7] 李盼盼,梁丰,彭虎军. 基于数据感知技术的心理健康状态实时跟踪研究[J]. 电子设计工程,2022,30(12):138-142.

[8] 陈广,宋志伟,陈少兵,等. 数据感知技术在电力物资供应链数据质量管理中的应用[J]. 科技管理研究,2021,41(18):182-191.

[9] 熊金泉. 面向猕猴桃种植灌溉的生态数据感知及精准调控技术研究[J]. 江西科学,2021,39(6):1083-1087.

[10] 周杨. 对遥感卫星数据传输技术发展的探讨[J]. 中国设备工程,2022(2):194-195.

[11] 曹震. 高清数字电视的数据传输技术及发展趋势分析[J]. 科技创新与应用,2022,12(2):142-144.

[12] 汤安宁,吴才聪,郑立华,等. 农业移动终端无线数据传输技术[J]. 农业机械学报,2009,40(S1):244-247.

[13] 秦飞，宗序平. 数据分析技术在变量施肥系统设计中的应用[J]. 农机化研究，2022，44（3）：171-175.

[14] 陈燕赟. 构筑数字共享平台 助推产业转型发展[J]. 产业创新研究，2022（12）：138-140.

[15] 关爽. 平台驱动与治理变革：数字平台助力城市治理现代化[J]. 城市问题，2022（7）：84-93.

[16] 数字"新基建"助力产业转型升级——2021年数字经济"五新"优秀案例之"新基建"案例展示[J]. 信息化建设，2022（4）：36-38.

[17] 柳平增. 农业大数据平台在智慧农业中的应用——以渤海粮仓科技示范工程大数据平台为例[J]. 高科技与产业化，2015（5）：68-71.

[18] 陈威，郭书普. 中国农业信息化技术发展现状及存在的问题[J]. 农业工程学报，2013，29（22）：196-205.

[19] 赵春江，薛绪掌，王秀，等. 精准农业技术体系的研究进展与展望[J]. 农业工程学报，2003（4）：7-12.

[20] 梅宏. 建设数字中国：把握信息化发展新阶段的机遇[J]. 网信军民融合，2018（8）：11-13.

[21] 黄聪. 5G+工业互联网在烟草行业的应用实践[J]. 中国新通信，2021，23（24）：82-84.

[22] 穆丽. 基于"互联网+"的农业信息化创新发展模式研究[J]. 科技经济市场，2018（8）：41-43.

[23] 佚名. 加快数字化网络化智能化转型，巩固和提升制造业竞争力[N]. 21世纪经济报道，2020-07-02.

[24] 王跃金，彭博，鹿晋晖，等. 楚雄烟叶生产高质量发展现状与对策[J]. 安徽农学通报，2019，25（9）：49-52.

[25] 中国烟叶公司. 坚守"两个至上"融入发展大局——中国烟草总公司成立40周年烟叶改革发展综述[N]. 东方烟草报，2022-07-29（1）.

[26] 杨泽勇，李清宇. 浅析当前烟叶生产基础设施建设与管理中存在的问题及对策[J]. 建筑工程技术与设计，2016（23）：2848.

[27] 祝合良，王春娟. "双循环"新发展格局战略背景下产业数字化转

型：理论与对策[J].财贸经济，2021，42（3）：14-27.

[28] 崔振辉，李华宇.物联网发展现状研究[J].通信技术，2014，47（8）：841-846.

[29] 邢阳，陈楠，郑捷.烟草行业统一平台云环境研究与探索[C]//中国烟草学会2016年学术年会论文集.北京：中国烟草学会，2016.

[30] 康海燕.私有云计算平台在烟草行业的应用[J].江苏科技信息，2021，38（22）：53-56.

[31] 张群.大数据标准化现状及标准研制[J].信息技术与标准化，2015（7）：23-26.

[32] 孙广芝.元数据：网络资源共享的基础[J].情报科学，2001（7）：763-764.

[33] 王万良，张兆娟，高楠，等.基于人工智能技术的大数据分析方法研究进展[J].计算机集成制造系统，2019，25（3）：529-547.

[34] 何雪锋，陈静利，张鑫.基于人工智能、大数据和云计算的作业成本法探究——以我国烟草工业企业为例[J].财会月刊，2018（17）：69-72.

[35] THEO T，CARSTEN F，MARTIN B. Agile versus Waterfall Project Management：Decision Model for Selecting the Appropriate Approach to a Project[J]. Procedia Computer Science，2021，181：746-756.

[36] 沈睿芳，郭立甫，时希杰.数据挖掘中的数据预处理模型与算法研究[J].计算机系统应用，2005（7）：44-46.

[37] 刘锋，王大伟，黄元炯，等.烟叶标准化生产的数字化转型升级展望[J].种子科技，2022，40（5）：121-123.

[38] 杨辉.现代智能温室育苗技术研究[J].农村实用技术，2021（4）：75-76.

[39] 马薇，王秀梅，王洪凯，等.智能育苗温床控制系统[J].长春工程学院学报（自然科学版），2015，16（3）：112-115.

[40] 张伟.吉林省现代智能温室育苗技术[J].农业工程技术，2021，41（27）：26-27.

[41] 许灵杰，郭亮，韦斌，等.烟叶收购中预约交售现状与建议[J].安徽农业科学，2021，49（7）：269-271.

[42] 刘利平，王剑，潘勇，等.国产高端雪茄烟原料定制化生产模式探讨[J].现代农业科技，2022（9）：186-189.

[43] 戴金锋，谭照彦.着眼问题管理提高烟农服务质效的几点思考[J].商业文化，2021（1）：74-75.

[44] 张敏.基于新COSO-ERM框架的国库业务风险管理研究[J].中国内部审计，2022（6）：87-91.

[45] 司明.企业"全面风险管理体系"的建设思路[J].中小企业管理与科技（中旬刊），2021（7）：25-26.

[46] 佟成生，刘梅玲，王总胜，等.智能财务建设之风险管理[J].商业会计，2020（14）：8-12.

[47] 李寿喜.企业战略风险的识别、评估与应对[J].郑州航空工业管理学院学报，2011，29（6）：69-76.

[48] 俞婷婷."互联网+"时代《企业风险管理》课程教学改革思考——结合大数据与创新创业人才需求现状[J].产业与科技论坛，2018，17（3）：138-139.

[49] 杨帆.互联网企业风险管理思考[J].合作经济与科技，2022（12）：144-145.

[50] 牛成喆，张翠华.企业风险管理框架的思考[J].甘肃社会科学，2005（2）：199-201.

[51] 张敏.基于新COSO-ERM框架的国库业务风险管理研究[J].中国内部审计，2022（6）：87-91.

[52] 孟小峰，张啸剑.大数据隐私管理[J].计算机研究与发展，2015，52（2）：265-281.

[53] 洪亮.国有企业成本管理存在的问题及对策[J].纳税，2020，14（20）：167-168.

[54] 钱文君，沈晴霓，吴鹏飞，等.大数据计算环境下的隐私保护技术研究进展[J].计算机学报，2022，45（4）：669-701.

[55] 林军."数字化""自动化""信息化"与"智能化"的异同及联

系[J]. 电气时代, 2008（1）: 132-137.

[56] 杨光. 信息化与数字化有何不同[N]. 中国信息化周报, 2022-06-20（4）.

[57] 陈昆良. 回归到数字化和信息化的本质[J]. 工业控制计算机, 2022, 35（5）: 117-118.

[58] 李生栋, 赵俊杰, 李玲美, 等. 烟叶生产数字化转型存在的问题及对策[J]. 昆明学院学报, 2022, 44（3）: 39-43.

[59] 佟成生, 刘梅玲, 王总胜, 等. 智能财务建设之风险管理[J]. 商业会计, 2020（14）: 8-12.

[60] 曹文婧. 我国烟草行业规制问题研究[D]. 呼和浩特: 内蒙古大学, 2018.

[61] 殷乐, 王星懿. 浅谈烟草商业企业国有资产管理数字化转型[J]. 中国产经, 2022（6）: 90-92.

[62] 王丽丽. 烟草商业企业财务数字化转型研究[J]. 财务管理研究, 2022（6）: 140-145.

[63] 杨德春, 冉彬, 孔令虎, 等. 以数据为核心的烟草制造行业数字化转型[J]. 智能制造, 2021（1）: 106-109.

[64] 杨漾, 谢敏, 李俊. "数"为驱动"云"上发力[N]. 东方烟草报, 2022-07-14（4）.

[65] 欧小尤. 刍议数字化转型背景下烟草行业的挑战与应对[J]. 商业观察, 2021（28）: 38-40.

[66] 吴信东, 董丙冰, 堵新政, 等. 数据治理技术[J]. 软件学报, 2019, 30（9）: 2830-2856.

[67] 刘明辉, 张玮, 陈湉, 等. 数据安全与隐私保护技术研究[J]. 邮电设计技术, 2019（4）: 25-29.